高等学校电子信息类专业"十三五"规划教材

电子科学与技术专业导论

周广宽　葛国库　薛颖轶　编著

西安电子科技大学出版社

内 容 简 介

　　本书介绍了电子科学与技术专业的发展概况、专业知识体系、专业培养目标及要求、专业的课程体系与课程设置、专业实践教学环节、专业毕业设计和就业发展方向，以期使读者对电子科学与技术专业有一个清晰的整体了解。

　　本书可作为高中应届毕业生选报志愿的参考以及高等院校电子科学与技术专业学生的参考书，也可供对本专业感兴趣的读者使用。

图书在版编目(CIP)数据

电子科学与技术专业导论/周广宽，葛国库，薛颖轶编著. —西安：西安电子科技大学出版社，2018.9
ISBN 978 - 7 - 5606 - 5021 - 0

Ⅰ. ① 电…　Ⅱ. ① 周…　② 葛…　③ 薛…　Ⅲ. ① 电子技术－高等学校－教材　Ⅳ. ① TN

中国版本图书馆 CIP 数据核字(2018)第 175837 号

策划编辑　云立实
责任编辑　刘　霜　雷鸿俊
出版发行　西安电子科技大学出版社(西安市太白南路 2 号)
电　　话　(029)88242885　88201467　邮　编　710071
网　　址　www. xduph. com　　　电子邮箱　xdupfxb001@163. com
经　　销　新华书店
印刷单位　陕西天意印务有限责任公司
版　　次　2018 年 9 月第 1 版　2018 年 9 月第 1 次印刷
开　　本　787 毫米×1092 毫米　1/16　印张 10.5
字　　数　246 千字
印　　数　1～3000 册
定　　价　25.00 元

ISBN 978 - 7 - 5606 - 5021 - 0/TN

XDUP 5323001 - 1

＊＊＊如有印装问题可调换＊＊＊

前　言

　　每一位步入大学的同学，都希望通过大学的学习，成为掌握专门知识的专门技术人才。而此时，他们对于学校、所学专业、专业培养目标和方向、课程设置、考研、就业方向等关键问题却还知之甚少。

　　"电子科学与技术专业导论"课程是针对电子科学与技术专业大一新生开设的专业课，课程介绍了学生们亟须了解的电子科学与技术专业的相关内容，希望使学生在进入高校的大门后，对电子科学与技术专业相关知识有一个清晰的整体了解。本书是由课程讲义改编而成的，作为"电子科学与技术专业导论"课的教材，希望能在帮助大学生设计大学期间的奋斗目标及其实现方案的过程中起到抛砖引玉的作用。

　　本书在内容的选取和组织上主要基于以下几方面的考虑，并希望就相关问题为本专业的学生提供理论参考。

　　(1) 电子科学与技术专业成立于 1998 年 4 月，相关产业的人才需求量大。但高考填报志愿的考生及学生家长对这一专业还比较陌生。

　　(2) 近几年来，高校为了迎合扩招形势，纷纷设立新专业。但新生对于本专业的发展及其与相关专业的区别和联系、专业培养目标和要求、课程体系与课程设置、学习重点等问题还知之甚少。

　　(3) 虽然教育条件和教育水平存在地区差异，但总体来看，新生入校时的学习基础相差不大。然而，经过几年的学习，有的学生进步很大，有的学生却慢慢跟不上进程，极个别学生甚至中途被淘汰。这其中虽然存在许多影响因素，但思维方法和学习方法的不当，应是主要原因之一。

　　(4) 大学生如何处理好专业学习与就业、考研的关系，如何在就业时平衡理想与现实的矛盾，以及如何认识考研专业与已学课程、未来发展方向的关系。

　　本书共分 6 章：第 1 章绪论，阐述了电子科学与技术专业的起源、发展及其与相关专业的区别和联系，高等工程教育的目标、现代工程师应具备的能力与素质，以及知识、能力和素质的关系，最后具体介绍了电子科学与技术专业的知识体系、培养目标及培养要求；第 2 章课程体系与课程设置，介绍了电子科学与技术专业人才培养目标的实现方式，以及主干课程教学大纲；第 3 章实践教学环节，介绍了电子科学与技术专业的实践教学；第 4 章毕业设计，介绍了电子科学与技术专业毕业设计的目的、要求；第 5 章综合能力，介绍了如何学好专业知识、提高综合能力；第 6 章就业与考研，介绍了电子科学与技术专业就业与考研方向等。另外，附录中还增加了名人谈大学学习的内容，供学习者参考。

本书在编写过程中参考了相关文献和资料，力求严谨客观。本书由周广宽、葛国库、薛颖轶编写，其中，周广宽编写第 1、2、5 章，并负责全书定稿，葛国库编写第 3 章及附录，薛颖轶编写第 4、6 章。另外，李白萍教授、吴延海教授对本书提出了许多宝贵意见，在此对李白萍教授、吴延海教授、吴冬梅教授、韩晓冰教授、张红副教授、殷晓虎副教授一并致谢！

同时，感谢西安科技大学编写相关课程、实验教学大纲的教师，也感谢西安科技大学通信与信息工程学院电子工程系全体教师对本书的支持！

本书可作为高中应届毕业生选报志愿的参考以及高等学校电子科学与技术专业学生的参考书，也可供对本专业感兴趣的读者使用。

由于编者水平所限，书中难免存在不足之处，敬请读者批评指正！

编　者

2018 年 5 月

目　录

第1章 绪 论

新学期伊始,又一批带着高考胜利的喜悦和美好憧憬的莘莘学子,从四面八方涌入大学的校门。"大学"一词在古代有两种含义:一是"博学"的意思;二是相对于小学而言的"大人之学"。古人八岁入小学,学习"洒扫应对进退、礼乐射御书数"等文化基础知识和礼节;十五岁入大学,学习伦理、政治、哲学等"穷理正心,修己治人"的学问。《大学》开篇第一句曰:"大学之道,在明明德,在亲民,在止于至善。"古代大学的宗旨在于弘扬光明正大的品德,学习并将其应用于生活,使人达到最完善的境界。经过上千年的历史积淀,现代的高等教育融合了古人的智慧和先进的科学理念。我国的高等学校按照党的教育方针,坚持教育为社会主义现代化建设服务、坚持教育为人民服务,把立德树人作为教育的根本任务,培养有共产主义理想、有道德、有文化、守纪律的德智体美全面发展的一代建设者和接班人。

1.1 编写本书的目的与意义

大学,是梦开始的地方,每一位学子带着家人殷切的期望和自己的梦想离开熟悉的故土,来到陌生的学校,走上自己的舞台,既是导演又是主角。当形形色色的人物、丰富多变的剧情、包罗百态的趣闻呈现在眼前时,有人坚定,有人迷失……面对这个大舞台,我们要做的便是:"知止而后有定;定而后能静;静而后能安;安而后能虑;虑而后能得。"(《大学》)我们只有明确了自身应达到的境界,才能够志向坚定;志向坚定才能够镇静不躁;镇静不躁才能够心安理得;心安理得才能够思虑周详;思虑周详才能够有所收获。初入校园的学子们洋溢着青春的激情,保持着高度的学习积极性,希望通过大学学习,成为掌握专门知识的专业技术人才。但对于刚离开父母羽翼的孩子们来说,梦寐以求的高校有着怎样的文化,所学专业的概况及其与相关专业的区别和联系,专业培养的目标和方向,课程设置,教与学的形式,校园生活,报考研究生或毕业后的就业方向,自己如何适应、从何学起、从何做起等,都还知之甚少。

在社会心理学中,第一印象是非常重要的,因为在总体印象形成上,最初印象获得的信息比后来获得的信息影响更大。那么,刚步入大学的学子们对高校及专业学习生活的第一次认知,将持续地影响他们的学习激情和学习动机。从历年大一学生对电子科学与技术专业导论课程的反响来看,学生对专业培养目标、课程设置等问题非常关注;针对历届毕业生的调查也反映出,四年的大学梦想能否实现,最初的"知止"即知道自己真正追求的是什么非常关键。因此,学院同仁们产生了组织编写《电子科学与技术专业导论》的想法。由于电子科学与技术专业属于高新技术交叉学科,专业内涵并不单一,且目前尚无类似专业教程。在这种情况下,为了使学生在大学学习之初,对电子科学与技术专业的发展、培养方案、课程体系、学习方法等有一个清晰的了解,我们编写了《电子科学与技术专业导论》,以期为学子们规划自己大学期间的奋斗目标及其实现方案提供参考，希望每一位学子在大学的舞台上都成为聚光灯的焦点，敢于尝试、勇于开拓、创造未来。

1.2 高等教育及高等工程教育

1. 高等教育

高等教育是教育系统的重要组成部分之一，是在中学教育后以掌握高深学问为目的的教育，也称"第三级教育"。高等教育按其性质可分为科学教育和技术教育两大类。

科学教育又称"理科教育"，通常指数（学）、（物）理、化（学）、天（文）、地（理）、生（物）等学科的教育，主要以数学和自然科学的基础学科为对象，以学科教育为特征，以培养该学科的研究、教学和应用人才为目标，以学术性人才为主。

技术教育包括工程、农、林、医等教育，以技术学科为主要学科基础，以应用技术为主要专业内容，以应用为特征，以培养技术科学和应用技术的研究、开发和应用人才为目标。

在高等教育中，科学、技术、工程有着不同的含义。

科学是运用范畴、定理、定律等思维形式反映现实世界各种现象的本质、规律的知识体系，它的任务在于揭示事物发展的规律，探求客观真理，作为人们改造世界的指南。按研究对象的不同，科学可分为自然科学、社会科学和思维科学，以及总括和贯穿于三个领域的哲学和数学；按与实践的不同联系，科学可分为理论科学、技术科学、应用科学等。现代科学正沿着学科高度分化和高度综合的整体化方向蓬勃发展（《辞海》，上海辞书出版社，1999 年。下同）。

技术是指根据生产实践经验和自然科学原理而发展成的各种工艺操作方法与技能，如电工技术、焊接技术、木工技术、激光技术等（《辞海》）。

工程有两种含义：一是指"将自然科学的原理应用到生产部门中去而形成的各学科的总称"，如机械工程、电子工程等，这些学科是利用数学、物理、化学等基础科学的原理，结合在科学实验及生产实践中所积累的技术经验而发展出来的；二是指具体的基本建设工程项目，如京九铁路工程、三峡工程等（《辞海》）。在讨论教育时，指的是第一种含义。

工程和科学有联系又有区别。工程以科学为基础，以技术为手段。科学主要属于理论范畴，工程主要属于实践范畴；科学以发现为己任，工程以应用为宗旨；科学注重分析，工程注重综合。

电子科学与技术专业属于技术教育中的工程教育。

2. 高等工程教育

1）目标与定位

高等工程教育是高等教育中的重要组成部分，作为一种技术教育，其有两个主要特点：一是以技术科学为主要学科基础，以应用技术为主要专业学习内容；二是以工程和应用为主要对象。

工程教育和科学教育既有联系又有区别。工程教育以培养工程师为主要目标，科学教育以培养科学家为主要目标。科学家和工程师都崇尚科学、求真务实，但科学家的任务在于认识世界，研究已有的世界；工程师的任务则在于改造世界，创造未来的世界。

　　航空工程的先驱者、美国加州理工学院冯·卡门教授有句名言："科学家研究已有的世界，工程师创造未来的世界。"工程师能"创造"一个什么样的世界，给人类提供一个什么样的生存环境，是与我们每个人都密切相关的大问题。因此，工程师除了需要具有良好的科学素养外，还需要具有较高的工程素养。工程素养主要包括理科素养、人文素养、技术科学基础、工程技术知识、工程训练和全面的解决实际问题的能力等。

　　工程以科学为基础，以技术为手段，最终以服务社会、服务人为目的。因此，高等工程教育要培养高质量的、适应 21 世纪需要的工程技术人才，应注重培养以下几方面意识：

　　(1) 明确的工程意识。工程是直接为人服务，为人提供方便的，因此，明确的工程意识就是"以人为本"的意识，就是"质量第一"的意识，就是"适用"的意识。

　　(2) 强烈的实践意识。工程师的天职是在生产现场解决工程实际问题，所以在高等工程教育中必须坚持科学教育与工程训练并重的原则，坚持教学、科学研究与生产实践相结合的原则。

　　(3) 宽阔的视野和全面的综合意识。工程是一个复杂的综合体，牵涉方方面面的问题：技术问题、环境问题、伦理问题、经济问题、管理决策等。因此，每一位工程师都要树立大工程观，要有宽阔的视野和全面的综合意识。

　　(4) 鲜明的创新意识。工程的本质在于创新，创造未来的世界，工程技术的变化日新月异，因此要树立终身学习的观点、开放的观点和不断创新的观点。

　　2) 现代工程师应具备的能力与素质

　　当今世界，各国综合国力的竞争，其实质是科技水平的竞争，是教育质量的竞争，是创新能力的竞争，是人才素质的竞争。这场竞争，对于社会的生产力(包括产业结构、生产工具、劳动者素质等)和人们的生产方式、生活方式、思想观念的变革都将产生重大的、深远的影响。

　　随着科学技术的迅猛发展，有更多、更完善的科学理论指导工程实践，也有更多、更先进的技术手段供工程师在实践中应用，这就产生了现代工程。现代工程的科学性、社会性、实践性、创新性和复杂性等特征日益突出，其工作内容也不断扩展。人们通常提到工程化、产业化，实际上是从研究到开发、设计、制造、运行、营销、管理、咨询的一个过程，或者说是从思想(方案)到形成样品、产品、商品、产业的一个过程，是链式进行的。链条中的每个环节都有大量的技术问题、经济问题和社会问题需要工程师予以妥善解决。

　　实践表明，现代工程需要的是能综合应用现代科学理论和技术手段，懂经济、会管理，兼备人文精神和科学精神(而不仅是科学知识)的高素质工程技术人才。一名现代工程师应该能综合运用科学的观点、方法和技术手段来分析、解决各种工程问题，承担工程科学与技术的开发与应用任务。现代工程师应具有的基本素质包括知识、能力、品德三个方面：知识方面，应掌握必需的自然科学知识和人文社会科学知识；能力方面，应具有收集和处理信息的能力、获取新知识的能力、分析和解决问题的能力、组织管理能力、综合协同能力、表达沟通能力和社会活动的能力，尤其要不断增强创新能力和实践能力；品德方面，不仅要具备基本的伦理道德、社会公德，还要具有职业道德，如强烈的事业心、高度的责任感、不断进取的毅力、团结协作的精神、良好的个人修养等。

　　需要强调，在知识、能力、品德三个基本素质中，品德是最重要的素质。爱因斯坦(1879—1955 年)在评价居里夫人的贡献时说道："第一流人物对时代和历史进程的意义，在其道德品质方面，也许比单纯的才智成就方面更大。"他还于 1936 年在美国纽约州立大学发表演讲时强调："学校的目标应当是培养有独立行动和独立思考能力的个人，不过他们要把为社会服务看做是自己人生的最高目的。"联合国教科文组织也在 1996 年出版的国际 21 世纪教育委员会的报告《教育财富蕴藏其中》中提出，教育在培养人才的过程中，必须使他们学会认知(learning to know)、学会做事(learning to do)、学会共同生活(learning to live together)、学会做人(learning to be a man)。因此，工程技术人员在"做事"时，不但要回答"会不会做"(能否运用科学理论和技术手段合理地解决问题)，更要回答"该不该做"(是否经济划算，是否符合政策法规、社会公德、文化传统、民族习俗的要求)，也就是说，必须以"做人"来统帅"做事"。

在国际化已成为教育发展的一种全球性趋势的今天，我们列举出美国工程与技术认证委员会(ABET)制定的对工程教育培养专业人才的 11 条评估标准：

(1) 有应用数学、科学与工程等知识的能力。

(2) 有进行设计、实验分析与数据处理的能力。

(3) 有根据需要去设计一个部件、一个系统或一个过程的能力。

(4) 有多种训练的综合能力。

(5) 有验证、指导及解决工程问题的能力。

(6) 有对职业道德及社会责任的了解。

(7) 有效地表达与交流的能力。

(8) 懂得工程问题对全球环境和社会的影响。

(9) 具备终身学习的能力。

(10) 具有有关当今时代问题的知识。

(11) 有应用各种技术和现代工程工具去解决实际问题的能力。

从这 11 条评估标准中可以看出，在重视加强数学和科学基础的前提下，当前，高等工程教育人才培养的侧重点是：工程实践能力；表达交流沟通能力与团队合作精神；终身学习能力；职业道德及社会责任；人文和经济管理、环境保护等。由此看出，大学教育除了知识的传授、能力的培养外，素质教育也是重要的内容。

3. 大学中的素质教育

素质教育是中国教育界基于对教育的新认识而提出的概念，它揭示了教育的本质，是中国教育界对教育理论的贡献。

1) 素质和素质教育

什么是素质？词典对此有三种解释：① 指人通过先天遗传获得的品质，它是人后天能力培养的基础；② 泛指一个人的素养、涵养和品质；③ 指人在先天遗传的基础上，经过后天环境和教育的长期内化而形成的稳定的品质。第一种解释是生理学和心理学上的解释，第二种解释是一般人的宽泛的理解，第三种解释是教育学上的解释，也是本书采用的界定。这一界定有三点值得注意的地方：第一，教育学上的素质既考虑了先天遗传的基础，更考虑了后天环境和教育的作用；第二，素质的形成是一个长期内化的过程；第三，素质是一种稳定的品质，一旦形成，将会时时处处起作用。

那么，什么是素质教育呢？素质教育就是以提高人的素质为目标的教育。随着社会的发展，人们的认识得到了提高，对教育的本质有了更深入的领会。虽然人们已逐渐认识到教育的目的是使人成为完整的人、和谐的人，但对通过什么途径才能成为完整的人、和谐的人这一问题，也经历了一个不断深化的认识过程。起初，人们认为知识就是力量，因此，教育就是以传授知识为主要目的，这就形成了知识本位的教育价值观。随着认识的深入，人们发现仅有知识还不够，还需要能力，于是，能力的重要性受到关注，能力本位的教育价值观被接受。社会的发展和进步使人们更深刻地领悟到仅有知识和能力也是不够的，更需要有高素质，所以，素质的重要性得到承认，人们开始树立素质本位的教育价值观。

2）知识、能力和素质的关系

正确理解知识、能力和素质的关系是正确理解素质教育的关键。知识是人们认识事物的基础，但它处于表层。能力是在知识的基础上经过有意识的训练而形成的，处于里层；素质则是在知识和能力的基础上经过长期的内化形成，处于内核。

三者的关系除了层次上的区别外，还有相辅相成的关系。知识不等于能力，但能力是在知识的基础上形成的，知识越多，越有利于能力的形成。因此，我们在强调素质教育时，决不能忽视知识的传授。从知识到能力，需要经过一次质的飞跃。

同样，知识和能力也不等于素质，但素质是在知识和能力的基础上形成的，知识越多，能力越强，越有利于素质的提高。因此，在强调素质教育时，同样不能忽视能力的培养。从知识、能力到素质，还需要再经过一次质的飞跃。事实上，要全面有效地推进素质教育，必须以传授知识为基础，以培养能力为重点，以提高素质为目标。

3）实施素质教育

推进素质教育已成为我国教育界的共识，但要真正落到实处、取得实效并不是一件容易的事。素质教育的实施要注意以下几方面：

（1）素质教育是一种教育理念。素质教育不是一种教育模式，不应用它全盘取代现有的教育。素质教育既要求每一个人在德、智、体、美诸方面全面发展，又要求每一个人的知识、能力、素质协调发展，使人真正成为一个和谐的人。素质教育是一种可持续发展的教育观，它通过提高一个人的素质，使其实现可持续发展，而不是一段时间内的发展。素质教育是一种辩证的、统一的教育，是个人本位和社会本位的辩证统一，它既帮助个人得到可持续发展，又通过全民素质的提高，使国家、社会得到可持续发展；既帮助人类得到发展，又使人类和环境协调发展。

（2）加强通识教育。通识教育是对长期以来我国高等教育由于专业划分过细而导致的人的片面发展的一种矫正。通识教育课程包括比较广泛的人文、自然科学、体育和工具技能性课程（外语、计算机等），基本上涵盖了大学教育中主要的公共课程和基础课。通常人们把"基础"理解为基础知识、基本理论与基本技能，今天看来，这是从知识传授的角度提出来的有一定片面性的看法。从素质教育的角度看，"基础"还应包括学生的学习能力和独立获取知识的能力。此外，通识教育课程涉及的应该是基础性、综合性、有效性以及可迁移性都比较强的知识。只有这样，学生才能具备对今后快速变化的社会的适应能力。近几年来，高校增加了培养学生人文精神、文化素养等的课程，这很有必要。一个人的动机、兴趣、情感、意志和性格等个性心理品质，以及正确对待人与自然、人与人关系等体现人文精神素质的培育，更要靠环境和氛围的熏陶，靠把人文精神的培养渗透到所有课程和实践环节的教学中，这是通识教育的重要内容。此外，从终身教育的观点看，当今大学教育在人一生中的"基础性"作用更为明显，加强通识教育的重要性不言而喻。

（3）要整体优化知识结构、能力结构和素质结构。现代大学生必须要具备较宽的知识面。既要具备科学知识，又要具备人文知识和社会知识；既要具备本专业的知识，又要具备相关专业的知识；既要具备扎实的基础知识，又要具备较宽的前沿知识。现代大学生还需要具备多种能力，核心的能力有：学习能力、实践能力、创新能力、表达交流能力和协作能力。现代大学生更需要具备多种素质，核心的素质有：思想道德素质、文化素质、业务素质和身体心理素质，主要的品质包括使命感、责任心、人文关怀、鉴赏品位、务实精神、创新意识、承受力和宽容心。

素质教育更强调学生在学习中的主体作用，强调让学生成为学习的主人。在"教"与"学"这对矛盾中，"教"虽然重要，但毕竟是外在的，"学"才是内在的。学生要获得知识、培养能力、使身心得到健康的发展，归根结底要依靠自己的努力，学校和教师不能包办。因此，学校要树立"以学为本""教是为了不教"的观念，强调学生学习的主动性、积极性和自行构建自身知识与能力结构的自主性，强调学生对于学习的责任感，培养学生独立学习的能力和方法。

（4）要正确处理创新教育和素质教育的关系。创新教育是素质教育的有机和重要组成部分。创新能力是重要的能力，创新意识是重要的品质和素质，不能把创新教育和素质教育割裂，也不能用创新教育代替素质教育。同时，学校在推行创新教育时，一定要防止浮躁的心态，要克服急功近利的思想，注重树立多元的观念，营造宽松的环境，鼓励创新的意识。

按照素质教育的思想，教育的目的是全面提高人的素质，要通过学校的各种教育，把对学生而言是外在的知识和感受内化为学生个人内在的、稳定的个性心理品质，从而为学生一生的发展提供良好的基础。在大学的教学过程中，教师传授必要的知识是重要的，更重要的是使学生养成正确的学习方法和较强的自学能力，具备科学精神和健全人格。

1.3 电子科学与技术专业介绍

电子科学与技术是建立在物理学和数学基础之上的一门光学和半导体物理电子技术等高新科技交叉的应用科学。随着信息时代的到来，电子科学与技术专业应运而生，其涵盖的学科领域有光电子技术、微电子技术、电子材料与元器件、物理电子技术和电磁场与微波等，其中，光电子技术和微电子技术的前身是激光专业和半导体专业。

1. 主要方向概况

1）微电子技术方向

1947年美国贝尔实验室发明了晶体管，开创了固体电子技术时代。在随后的10年中，晶体管技术不断进步，德州仪器和贝尔实验室分别在1954年推出晶体管收音机和全晶体管计算机，并且1957年美国第一个轨道卫星"探测者"也首次使用了晶体管技术。根据国外发展电子器件的进程，我国在1956年提出"向科学进军"的号召，将半导体技术列为重点发展的领域之一。中科院应用物理所首先举办了半导体器件短期培训班；由北京大学、复旦大学、吉林大学、厦门大学和南京大学五所大学联合开办了半导体物理专业；在工科院校中，清华大学率先开办了半导体专业。

晶体管的问世，是微电子革命的先声，为后来集成电路的发展打下了基础。1958 年，34 岁的杰克·基尔比(Jack Kilby)加入德州仪器公司，同年 9 月 12 日，基尔比成功地实现了把电子器件集成在一块半导体材料上的构想，研制出了世界上第一块集成电路，这枚小小的芯片开创了电子技术历史的新纪元。这一发明不仅革新了工业，并且改变了我们生活的世界。经过时间的考验，在 42 年后，基尔比终于获得诺贝尔物理学奖。1959 年，罗伯特·诺伊斯(Robert Noyce)在基尔比的基础上发明了可商业生产的集成电路，使半导体产业由"发明时代"进入了"商用时代"。1970 年前后，半导体器件需求量的增加，尤其是大型电子计算机对集成电路需求的推动，促进了我国半导体工业的发展以及对专业人才的需求，全国很多高校先后增加了半导体物理与器件相关专业。进入 20 世纪 80 年代，由于国内半导体器件和集成电路生产还缺乏竞争力，在进口元器件的冲击下，很多半导体器件生产厂下马或转产，市场不景气导致了很多高校的半导体专业被迫取消，专业萎缩。进入 20 世纪 90 年代，由于微型计算机、通信、家电等信息产业的发展和普及，市场对集成电路芯片的需求量越来越大，此外，几场局部战争让全世界接受了电子战、信息战的高科技战争的理念，微电子技术受到了前所未有的重视，半导体技术专业由此更名为微电子技术专业。

伴随着计算机技术、数字技术、移动通信技术、多媒体技术和网络技术的出现，微电子技术得到了迅猛的发展，从初期的小规模集成电路(SSI)发展到今天的巨大规模集成电路(GSI)，逐渐成为推动人类社会进入信息化时代的先导技术。为了在信息时代和高科技领域赶上国际先进水平，国家加大了对微电子技术行业的支持力度，并不断吸引外资，同时，市场对微电子技术专业毕业生的需求持续增加，微电子技术专业迎来了发展的新高峰。

2）光电子技术方向

激光是 20 世纪 60 年代出现的新光源，其与半导体均被视为 20 世纪科学技术 4 项重大发明之一。激光技术也被美国科学家总结为影响全球未来发展的 18 项重大关键技术之一，可广泛应用于军事和民用领域，并以其强大的生命力深刻地影响了社会的发展，推动了光电子技术及其相关产业的发展。1964 年，中国科学院在上海建立了当时世界上第一所激光技术专业研究所上海光学精密机械研究所；电子工业部成立了从事激光与红外研究的 11 所等。这些国家研究所是早期光电子技术高层研究型人才的摇篮。随着激光技术的飞速发展，1971 年，由清华大学、北京大学、天津大学、中国科技大学、哈尔滨工业大学、西北电讯工程学院、北京工业学院、华中工学院、成都电讯工程学院等院校在科学研究的基础上，成立了激光专业，后来又有多所学校相继成立了激光专业；1985 年，根据国家教委颁布的专业目录，激光专业与红外光谱学合并，更名为光电子技术专业。

光电子技术集中了固体物理、波导光学、材料科学、半导体科学技术和信息科学技术的研究成就，成为具有强烈应用背景的新兴交叉学科。时至今日，光电子技术已被应用于工业、通信、信息处理、检测、医疗卫生、军事、文化教育、科学研究和社会发展等各个领域。可以预见，继微电子技术之后，光电子技术将再次推动人类科学技术的革新。

3）电子材料与元器件方向

电子材料与元器件专业方向起源于 20 世纪 50 年代末西安交通大学、电子科技大学、华中科技大学等院校先后成立的无线电元件与材料专业。该专业在 70 年代初更名为电子元器件与材料专业，1985 年根据国家教委颁布的专业目录，又改为电子材料与元器件专业，它侧重于半导体材料、敏感材料、光电材料、电子陶瓷材料以及相关元器件的研究和制备。

4）物理电子技术方向

物理电子技术专业方向起源于 20 世纪 50 年代清华大学、华中科技大学、西安电子科技大学等院校设立的电真空技术专业。1985 年本科专业调整，物理电子技术整合了电子物理技术、真空电子技术、气体电子学与激光等 11 个专业。物理电子技术是一个宽口径的专业方向，与近代物理学、电子学、光学、光电子学、量子电子学及相关技术交叉与融合，形成了真空电子学与技术、微波电子学与技术、光电子学与技术、纳米电子学与技术、超导电子学与技术等专业，并形成了若干新的科学技术增长点，如光波与光子技术、信息显示技术与器件、高速光纤通信与光纤网等。

5）电磁场与微波方向

电磁场与微波专业方向是由 20 世纪 70 年代无线电通信与电子系统学科演变而来的，该方向以电磁场理论、光导波理论、光器件物理及微波电路理论为基础，并与通信系统、微电子系统、计算机系统等相结合。随着当代物理、数学、技术科学的不断进步，电磁场和微波技术得到日新月异的发展，在通信、雷达、激光和光纤、遥感、卫星、微电子、高能技术、生物和医疗等高新技术领域中起着重要作用。

为了拓宽专业口径和与国际接轨，教育部于 1998 年 4 月颁布了新的本科专业目录和引导性专业目录，将原光电子技术、微电子技术、物理电子技术、电子材料与元器件和电磁场与微波等本科专业整合为一级学科"电子科学与技术"。2012 年 9 月，教育部颁布《普通高等学校本科专业目录（2012 年）》，对 1998 年目录进行了修订，将电子科学与技术和真空电子技术合并为新的电子科学与技术专业，可授予工学或理学学士学位。

从整合的五个专业方向的发展可以看出，电子科学与技术专业涵盖的学科范围极其广泛，它以电子和光电子器件为核心，由物理、材料、工艺、器件、系统构成了一个完整的学科体系。器件物理、器件材料和器件制作工艺构成了电子和光电子器件的技术支撑，形成了多个紧密关联的学科群，器件封装工艺和器件测试技术的不断发展，确保了电子和光电子器件在器件应用、器件集成和系统集成等方面的应用不断提升，形成了以系统带动器件、以器件带动材料的良性循环发展。

2. 人才培养的知识结构

电子科学与技术专业各学科方向及相关产业的迅猛发展，吸引了许多高校纷纷加盟该学科，或新建了该专业，或扩充了专业方向。据统计，截至 2017 年底，全国有 200 余所高校开设了电子科学与技术本科专业。各高校充分利用现有的资源和优势，加强学科基础，拓宽专业口径，注重培养学生的综合能力，坚持通识教育与专才教育相结合，探索适合各自学校特色的电子科学与技术专业的培养模式。

电子科学与技术学科本身的发展十分活跃，新理论、新材料、新器件不断涌现，技术进步和产品更新快，与之相适应的培养目标、知识体系、核心课程等也须紧跟学科的发展和技术的进步。为达到知识、能力、素质协调发展的综合培养目标，本专业教育内容和知识体系由通识教育、专业教育、集中实践教育和第二课堂三大部分组成。

通识教育内容包括：人文社会科学，自然科学，经济管理，外语，计算机信息技术，体育，实践训练等。

专业教育内容包括：学科大类基础，本学科专业基础，专业实践训练等。

集中实践教育和第二课堂内容包括：思想教育，学术与科技活动，文体活动，自选活动等。

通识教育为专业教育打下扎实的基础；专业教育传授本专业及相关学科知识并提高学生的实践能力和创新能力；集中实践教育和第二课堂更多地展现个性化，是提高学生自主学习能力的重要内容。

由于电子科学与技术专业所涵盖的专业方向比较广，各高校一般侧重 1~2 个专业方向，在构建的知识体系中，各自对自然科学、学科大类基础、专业基础的要求存在一些差异。

2012 年，教育部对电子科学与技术专业一级学科进行了综合排名，参加本专业评估的高校排名前十的依次为：电子科技大学、东南大学、北京大学、西安电子科技大学、清华大学、上海交通大学、复旦大学、南京大学、北京邮电大学、西安交通大学。

3. 影响本专业教育的因素

1）与本学科专业密切相关的产业的发展

以光电子信息技术为主导的信息产业将成为 21 世纪的最大产业，面对光电子信息技术的迅猛发展，美、德、日、英、法等发达国家竞相加大投入力度，全球相关产业市场竞争愈加激烈，这必将推动我国电子科学与技术学科的建设和发展。

2）国家经济、产业政策导向

我国《"十三五"先进制造技术领域科技创新专项规划》中提出，"十三五"期间，先进制造领域重点从"系统集成、智能装备、制造基础和先进制造科技创新示范工程"4 个层面围绕 13 个主要方向开展重点任务部署。在这 13 个方向中，第二（激光制造）、第四（极大规模集成电路制造装备及成套工艺）、第五（新型电子制造关键装备）个方向明确地与电子科学与技术学科紧密相关。

3）国家教育政策的扶持和激励学术发展的各项体制

国家因地制宜地制定产学研政策与相关的机制，能够促使高校与企业强强联手，从而激励本学科快速发展。在我国"863"计划"973"计划和国家攻关计划中，电子科学与技术领域都有大量立项，未来还将有更大的发展空间。

2017 年 9 月，充分考虑不同类型高校和学科的特点及建设条件，教育部、财政部、国家发展改革委印发《关于公布世界一流大学和一流学科建设高校及建设学科名单的通知》，公布 42 所世界一流大学和 95 所一流学科建设高校及建设学科名单。一流大学建设高校重在一流学科基础上的学校整体建设、重点建设，全面提升人才培养水平和创新能力；一流学科建设高校重在优势学科建设，促进特色发展。其中，北京大学、东南大学、南京邮电大学、中山大学、电子科技大学的电子科学与技术专业入选"双一流"。

4）教育理念

我国本科的教育理念正在不断地发生变化，从过去仅着眼于传授知识发展为重视创新意识和能力的培养,重视知识、能力、素质协调发展的新型人才观念,以及为了适应社会未来发展需求的终身教育理念。

近年来,全面工程教育理论在国内外教育界不断被提起。随着研讨的推进,全面工程教育对当代教育变革的影响日益明显。当前,世界范围内新一轮科技革命和产业变革加速进行,综合国力竞争愈加激烈。工程教育与产业发展紧密联系、相互支撑。为推动工程教育改革创新,2017年2月18日,教育部在复旦大学召开了高等工程教育发展战略研讨会,与会高校对新时期工程人才培养进行了热烈讨论,共同探讨了新工科的内涵特征、新工科建设与发展的路径选择,并达成了共识:我国高等工程教育改革发展已经站在新的历史起点。2017年2月底,教育部发布了《教育部高等教育司关于开展"新工科"研究与实践的通知》,希望各地高校开展"新工科"的研究实践活动,从而深化工程教育改革,推进"新工科"的建设与发展。"新工科"更强调学科的实用性、交叉性与综合性,尤其注重信息通信、电子控制、软件设计等新技术与传统工业技术的紧密结合。专家们目前普遍看重的面向新技术的专业大类都与电子科学与技术学科息息相关。

1.4 电子科学与技术专业和相关专业的区别

在2012年教育部对1998年版的专业目录进行修订后,电子科学与技术专业与电子信息工程专业、通信工程专业、微电子科学与工程专业、光电信息科学与工程专业和信息工程专业同属工学下的电子信息类(0807)。

1. 电子信息工程专业

电子信息工程是一门应用计算机等现代化技术进行电子信息控制和信息处理的学科,主要研究信息的获取与处理,以及电子设备与信息系统的设计、开发、应用和集成。电子信息工程专业是集现代电子技术、信息技术、通信技术于一体的专业。该专业的学生主要学习信号的获取与处理、电子设备信息系统等方面的专业知识,受到电子与信息工程实践的基本训练,适应社会发展的要求,从事本专业或相关的产品及设备的生产、安装调试、运行维护、新产品技术开发等工作。

2. 通信工程专业

通信工程是信息科学技术发展迅速并极具活力的一个领域,尤其是数字移动通信、光纤通信、Internet网络通信,使人们在传递信息和获得信息方面达到了前所未有的便捷。该学科关注的是通信过程中的信息传输和信号处理的原理和应用。本专业学习通信技术、通信系统和通信网等方面的知识,能在通信领域中从事研究、设计、制造、运营及在国民经济各部门和国防工业中从事开发、应用通信技术与设备的工作。

3. 微电子科学与工程专业

微电子科学与工程是在物理学、电子学、材料科学、计算机科学、集成电路设计制造等多个学科和超净、超纯、超精细加工技术基础上发展起来的一门新兴学科。该学科主要研究半导体器件物理、功能电子材料、固体电子器件、超大规模集成电路(ULSI)的设计与制造技术,微机械电子系统以及计算机辅助设计制造技术等。微电子科学与工程专业培养具有扎实的数理基础和电子技术基础理论,掌握新型微电子器件和集成电路分析、设计、制造的基本理论和方法，具备本专业良好的实验技能，能在微电子及相关领域从事科研、教学、科技开发、工程技术、生产管理与行政管理等工作的人才。

4. 光电信息科学与工程专业

光电信息技术是由光学、光电子、微电子等技术结合而成的多学科综合技术，涉及光信息的辐射、传输、探测以及光电信息的转换、存储、处理与显示等众多的内容。光电信息技术以其极快的响应速度、极宽的频宽、极大的信息容量以及极高的信息效率和分辨率推动着现代信息技术的发展，从而使光电信息产业在市场的份额逐年增加。光电信息科学与工程专业主要学习光学、机械学、电子学及计算机科学基础理论及专业知识，了解光电信息技术的前沿理论，把握当代光电信息技术的发展动态，学生应具有研究开发新系统、新技术的能力，接受现代光电信息技术的应用训练，掌握光电信息领域中光电仪器的设计及制造方法，具有在光电信息工程及相关领域从事科研、教学、开发的基本能力。

1.5 电气信息学科概述

电气信息学科是当今世界上发展最快的学科之一，是介于基础科学和应用技术之间的一种科学，在人类社会的技术发展中起着十分重要的作用。电气信息学科涉及众多的子学科和相关学科，如电气工程和自动化专业、自动化专业、电子信息工程专业、通信工程专业、计算机科学与技术专业、生物医学工程专业和电子科学与技术专业等。电气信息类专业将传统的电工技术与计算机、电子、自动控制、系统工程及信息处理等新技术相结合，具有广阔的应用前景。

1.6 电子科学与技术专业知识体系

电子科学与技术专业的基础知识体系由4个层次组成：知识领域、知识模块、知识单元和知识点。基础知识体系的内容由4个知识领域组成：电路与电子、光电子技术、光电信息处理和计算机。每个知识领域由若干个知识模块组成，每个知识模块由多个知识单元组成，而每个知识单元又由若干个知识点构成。

1. 电路与电子知识领域

电路与电子知识领域主要包括电路分析基础、模拟电子技术、数字电子技术、高频电子线路、光电子线路等知识模块。

（1）电路分析基础。电路分析基础模块包含的知识单元有：集总电路电压、电流的约束关系；用独立电流、电压变量分析的方法；大规模电路分析方法概要；分解方法及单口网络；简单非线性电阻电路的分析；电容元件与电感元件；一阶、二阶电路；冲击函数在动态电路分析中的应用；交流动态电路的分析；阻抗和导纳；正弦稳态功率和能量、三相电路；电路的频率响应；耦合电感和理想变压器；双端口网络。

（2）模拟电子技术。模拟电子技术模块包含的知识单元有：半导体二极管及基本电路；半导体三极管及放大电路基础；场效应管及其放大电路；功率放大电路；集成运算放大器；反馈放大电路；信号运算及处理电路；信号产生电路；直流稳压电源。

（3）数字电子技术。数字电子技术模块包含的知识单元有：逻辑代数；门电路；组合逻辑电路；触发器；时序逻辑电路；脉冲波形产生及整形；半导体存储器；A/D、D/A 转换。

（4）高频电子线路。高频电子线路模块包含的知识单元有：高频小信号放大器及电子噪声；高频功率放大器；正弦波振荡器；振幅调制与解调；变频器；角度调制与解调；反馈控制电路。

（5）光电子线路。光电子线路模块包含的知识单元有：低噪声放大器；微弱信号检测技术；有源滤波器；调制与解调；光电器件电路设计；模拟电压的切换和信号的采样保持电路；光电信号的数字处理；小功率高压稳压器和大功率稳流电源。

2. 光电子技术知识领域

光电子技术知识领域主要包括工程光学、半导体物理学、激光原理与技术、激光器件与应用、光纤传感技术等知识模块。

（1）工程光学。工程光学模块包含的知识单元有：几何光学的基本定律；几何光学的成像理论；光学仪器；光度学；光的干涉；光的衍射；光的偏振；光的吸收、色散和散射；光的辐射；光子和波粒二象性；薄膜光学；傅立叶光学；全息术。

（2）半导体物理学。半导体物理学模块包含的知识单元有：半导体中的电子状态；半导体中杂质和缺陷能级；半导体中载流子的统计分布；半导体的导电性；非平衡载流子；P-N结；金属和半导体接触；半导体表面与 MIS 结构；半导体的光学性质和光电与发光现象。

（3）激光原理与技术。激光原理与技术模块包含的知识单元有：激光的基本原理；开放式光腔与高斯光束；电磁场和物质的共振相互作用；激光振荡特性；激光放大特性；激光器特性的控制和改善；典型激光器。

（4）激光器件与应用。激光器件与应用模块包含的知识单元有：气体激光器的放电激励基础；气体原子激光器；气体分子激光器；气体离子激光器；固体激光工作物质的性质；光泵浦系统；激光器的热效应及散热；固体激光器光学谐振腔；固体激光器输出特性；半导体激光器工作原理；半导体激光器的输出特性；异质结半导体激光器；其他类型的半导体激光器。

（5）光纤传感技术。光纤传感模块包含的知识单元有：光纤波导理论；光纤模式耦合理论；光纤的基本特性；光纤传感器中的光源；光纤传感器中的光电探测器；光纤传感器中的光调制技术；热工参数测量光纤传感器；电磁参数测量光纤传感器；机械量测量光纤传感器；温度测量光纤传感器；其他光纤传感器；光纤传感技术的发展概况及展望。

3. 光电信息处理知识领域

光电信息处理知识领域主要包括电磁场与电磁波、光信息处理、光纤通信、光电检测技术、现代显示技术等知识模块。

（1）电磁场与电磁波。电磁场与电磁波模块包含的知识单元有：矢量分析；电磁场中的基本物理量和基本实验定律；静电场分析；静态场边值问题的解法；恒定磁场分析；时变电磁场；正弦平面电磁波；导行电磁波；电磁波的辐射。

（2）光信息处理。光信息处理模块包含的知识单元有：标量衍射的角谱衍射；光学成像系统的频率特性；光全息术；空间光调制器；光学信息处理技术；图像的全息显示；光学三维传感。

（3）光纤通信。光纤通信模块包含的知识单元有：光纤和光缆；通信用光器件；光端机；数字光纤通信系统；模拟光纤通信系统；光纤通信新技术；光纤通信网络。

（4）光电检测技术。光电检测模块包含的知识单元有：光电检测技术基础；光电检测器件；热电检测器件；光源与光电耦合器件；光电信号检测电路设计；光电信号的数据采集与微机接口；光电信号的变换和检测技术；光电信号的变换形式与检测方法；光电检测技术的典型应用。

（5）现代显示技术。现代显示模块包含的知识单元有：阴极射线致发光显示；液晶显示；注入电致发光显示；高场电致发光显示；等离子显示；激光显示；大屏幕显示。

4. 计算机知识领域

计算机知识领域主要包括 C 语言程序设计、可视化编程语言、微机原理及接口技术、微控制器原理及应用、数据库与管理信息系统等知识模块。

（1）C 语言程序设计。C 语言模块包含的知识单元有：基本数据类型；表达式；顺序结构程序设计；选择结构程序设计；循环结构程序设计；函数；数组类型；结构体类型和共用体类型；指针类型；文件类型。

（2）可视化编程语言。可视化编程语言模块包含的知识单元有：面向对象程序设计；VB 程序设计基础；内部控件和内部常用函数；三种控制结构；图形图像与鼠标、键盘事件；控件数组和菜单、工具栏、对话框；文件操作；多模块程序设计及调试。

（3）微机原理及接口技术。微机原理及接口技术模块包含的知识单元有：微型计算机基础；指令系统及汇编语言程序设计；输入输出和中断技术；存储器系统；常用数字接口电路；模拟接口电路；常用外设及多媒体技术。

（4）微控制器原理及应用。微控制器原理及应用模块包含的知识单元有：MCS－51 系列单片机的结构；MCS－51 单片机指令系统；程序设计；中断系统；定时器/计数器；串行IO 口；MCS－51 系统的扩展；单片机系统的接口技术。

（5）数据库与管理信息系统。数据库模块包含的知识单元有：数据库系统概论；Visual Foxpro6.0 概述；程序设计；数据库设计；VFP6.0 数据库、表的创建与操作；查询与视图；表单的设计；报表设计；应用系统的集成。

1.7 电子科学与技术专业培养目标及要求

1. 电子科学与技术专业培养目标

电子科学与技术专业培养适应 21 世纪社会主义现代化建设所需要的德、智、体等方面全面发展的高素质的从事先进电子材料与器件、光子材料与器件、微电子技术与芯片、大规模集成电路与系统、光电子器件与集成光学、微波技术与器件、数字化电子信息系统理论与技术以及计算机辅助设计和测试技术等方面的科学研究、设计制造、运行与管理的富有创新精神的应用型高级科学技术与工程人才。学制 4 年，可授予工学学士学位。

2. 电子科学与技术专业培养要求

本专业学生主要学习电子科学与技术领域的基本理论和基本知识，接受电子科学与技术工程实践的基本训练，能够在电子材料与器件、微电子技术、微波技术、光电子技术、光通信技术、光信息处理技术、数字化电子信息系统理论与技术以及计算机辅助设计和测试技术等技术领域从事新产品、新技术、新工艺的研究、开发和工程应用的基本能力。

毕业生应获得以下几个方面的知识和能力：

（1）具有较扎实的自然科学基本理论知识，较好的人文社会科学基础和外语综合能力。

（2）系统掌握本专业领域必需的宽厚的技术基础理论知识。

（3）具备一定的在本专业领域内的科学研究能力和组织管理能力，具有较强的工作适应能力。

（4）具备跟踪掌握本专业领域的新理论、新知识、新技术的能力，具有研究、开发新产品、新技术、新工艺的初步能力。

（5）了解本专业领域的理论前沿和发展动态。

（6）掌握文献检索、资料查询的基本方法。

第 2 章　电子科学与技术专业的课程体系与课程设置

2.1　电子科学与技术专业课程体系

当前，科技发展速度惊人，知识经济初见端倪。按照 WTO 对全世界服务贸易的划分，教育服务为 12 个大类之一。WTO《服务贸易总协定》第 13 条规定，除了由各国政府彻底资助的教学活动之外，凡收取学费、带有商业性质的教学活动均属于教育贸易服务范畴。我国对于高等教育、高中阶段教育、学前教育实行有限度的开放。也就是说，国外教育机构可以在我国办学；外资公司、中外合资公司是大学生将来就业的选择之一。因此，采用国际化标准衡量人才质量是必然的。同时，我国提出的"一带一路"战略，将为沿线国家提供高标准的各领域服务，同时吸收他们的服务，提高国民生活水平。为了迎接这些挑战，高等学校必须面向未来，培养大批具有创新精神、创新能力、国际化视野的应用型高级专门人才，才能适应新世纪日益国际化、全球化的经济发展需求。

高校按照电子科学与技术专业知识体系，通过构建由通识教育课、学科基础教育课和专业教育课组成的电子科学与技术专业课程体系，加强学生理论应用能力、实践动手能力、持续创新能力和创新精神的培养。

课程是高等学校教学工作的基本单元。课程体系是将人类通过实践所积累的知识经过选择和组织而形成的供传授用的课程的总和。由课程组成的课程体系是国家教育方针和学校办学思想的反映，是在人才培养目标的指导下制订的，既是教育思想和高校人才培养质量的综合反映，又是高校为学生构建知识、能力、素质结构的具体体现。

课程体系是教学计划的主要内容，是教学工作的重要环节，有如工程设计的蓝图。它也反映了学校的办学特点。说到底，课程体系就是在大学里设置哪些课程。根据大学课程的性质，我国通常将其分为通识教育课程、学科基础教育课程和专业教育课程，还根据选课的形式分为必修课、限定选修课和任意选修课。课程体系关注的主要问题是在大学四年时间内各类课程如何组成、各占多大的比例。

随着高等教育逐渐走向大众化，大学的类型越来越多，多样化的高等教育已经形成，因而课程体系的理论也趋于多样化。尽管每一所高校都可以有自己的课程体系，但一所高校的课程体系总是与学校的类型定位密切相关。所以，一所高校首先必须明确自己的定位。在明确了定位的前提下，就可以讨论当代课程体系理论和类型问题。当代课程体系理论的核心观点在于，不同类型的高校应有最适合其办学目标的课程体系。

对于综合性研究型高校，由于其办学目标是培养研究型人才，因此注重学生的基础，而并不十分重视学生的专业。在其课程体系中，通识教育课程、学科基础教育课程和专业教育课程的比重为：通识教育课程最高，学科基础教育课程次之，专业教育课程最低。这种课程体系犹如一座金字塔，用大写的英文字母"A"表示，称为"A型课程体系"，其中间的一横代表学科基础教育课程，也称"学科基础平台"；底下的两个小横线分别代表科学基础和人文基础，二者共同代表通识教育课程，也称"通识基础平台"；顶端代表专业教育课程。

对于教学型高校，由于其办学目标是培养应用型人才，因此比较注重学生的专业教育课程，基础则以够用为度。在其课程体系中，通识教育课程、学科基础教育课程和专业教育课程的比重相差无几。这种课程体系犹如一根柱子，用大写的英文字母"I"表示，称为"I型课程体系"。

对于职业学校和某些以职业为对象的专业，因其培养目标是职业型应用人才，所以更注重专业课程和职业技能。在这类学校和专业的课程体系中，专业教育课程的比重最高。这种课程体系犹如一只叉子，用大写的英文字母"Y"表示，称为"Y型课程体系"。

本书所介绍的课程体系主要针对教学型高校。

1. 电子科学与技术专业课程体系简介

电子科学与技术专业的教学体系由理论教学、集中实践教育和第二课堂组成。理论教学的课程体系由通识教育课程、学科基础教育课程和专业教育课程组成。

课程体系关注的主要问题是在大学四年时间内各类课程如何组成、各占多大的比例，反映了学校在人才培养工作上的指导思想和整体思路，也是学校组织教学活动和从事教学管理的主要依据，对人才培养质量的提高具有重要的指导作用。高校的课程体系应力求反映时代特点，体现现代教育理念，吸收近年来教育教学改革的最新成果，并充分体现有利于德、智、体全面发展，有利于人文素质和科学素质提高，有利于创新精神和实践能力培养的原则，在深刻领会教育部《关于加强高等学校本科教学工作提高教学质量的若干意见》和《普通高等学校本科教学工作水平评估方案》的精神实质和内涵的基础上，我们根据已确定的电子信息工程专业培养规格与知识体系，构建出本专业的课程体系。

为达到知识、能力、素质协调发展的综合培养目标，本专业的课程体系由通识教育课程、学科基础教育课程和专业教育课程三大部分组成。具体的课程体系如表2-1所示。

表 2-1 电子科学与技术专业人才培养方案课程体系[①]

教学体系	课程体系	知识体系	必修课程		选修课程		总学分	学分比例（%）
			学时	学分	学时	学分		
理论教学	通识教育课程	人文社会科学	166	12	32	2	14	7.41
		自然科学基础	432	27	16	1	27	14.29
		体育	128	4	0	0	4	2.11
		外语	224	12	0	0	12	6.35
		创新创业	32	2	16	1	3	1.59
		计算机基础	32	2	16	1	3	1.59

---

① 2016年西安科技大学电子科学与技术专业培养计划。

续表

教学体系	课程体系	知识体系	必修课程		选修课程		总学分	学分比例（%）
			学时	学分	学时	学分		
理论教学	通识教育课程	公共选修课	/	/	128	8	8	4.23
		小计	1014	59	208	13	71	37.57
	学科基础教育课程	学科基础课	414	25	0	0	25	13.23
	专业教育课程	专业基础课	256	15	0	0	15	7.93
		专业课	182	10	140	8	18	9.52
		小计	438	25	140	8	33	17.46
	合计		1866	109	348	21	129	68.25
集中实践教育			/	/	/	/	50	26.46
第二课堂	思想道德						10	5.29
	创新创业							
	综合素质							
	社会实践							
总计							189	100

表中理论教学含附设的实验、上机实践教学学分。

本课程体系具有如下特点：

（1）依据人才培养目标和 21 世纪对人才知识结构、能力结构、素质结构的要求，按人文社会科学、自然科学基础、体育、外语、计算机与信息技术、经济管理、工程技术基础和专业方向等 8 个知识点，构建人才培养方案的知识体系。

（2）拓宽专业口径，满足经济社会发展需求。专业课的设置除了包括 2～4 门本专业必需的主要专业课程外，设置了体现专业特色的课程组。

（3）加强实践教学，注重创新精神和实践能力培养。部分主干课程包含课内实验，上课时间与理论教学同步。每学年设置 6 周集中教学时间，将实践环节完全纳入人才培养方案之中，使课堂教学与实践教学、课内与课外有机结合起来，同时突出了设计性、综合性实验教学。

（4）重视学生共性提高与个性发展，重视素质教育与专业教育的结合、素质教育课内与课外教学的结合。

2. 通识教育课程

通识教育包含人文社会科学、自然科学基础、经济管理、体育、外语、计算机与信息技术及相应的集中实践训练，以加强学生的科学基础、专业理论基础和基本技能训练，培养基础扎实、适应性强的人才。通识教育所含课程、学分及考核方式如表 2-2 所示。因为本

表2-2 通识教育课程

课程体系	知识体系	课程性质	课程名称	学分	学时分配					考核方式	备 注
					总学时	理论	实验	上机	其他		
通识教育课程	人文社会科学	必修	马克思主义基本原理概论	3	42	42			6	考试	/
			毛泽东思想和中国特色社会主义理论体系概论	5	64	64			16	考试	
			中国近现代史纲要	2	28	28			4		
			思想道德修养与法律基础	2	32	32					
		选修	大学语文	2	32	32					3门课程至少选修0个学分
			当代世界经济与政治	2	32	32					
			中西方文化比较	2	32	32					
			小计	12	166	166			26		
	自然科学基础	必修	★高等数学A	12	192	192				考试	/
			★大学物理A	7	112	112				考试	
			概率论与数理统计B	3	48	48				考试	
			复变函数与积分变换	2	32	32					/
			线性代数	2	32	32				考试	
		选修	采矿概论	1	16	16					4门课程至少选修1个学分;(采矿概论、地球科学概论至少选修1门)
			地球科学概论	1	16	16					
			安全工程概论	1	16	16					
			环境保护概论	1	16	16					
			小计	27	432	432					
	体育	必修	体育	4	128	128					/
			小计	4	128	128					
	外语	必修	★英语阅读	10	160	160				考试	/
			★英语听力	2	64	64					
			小计	12	224	224					
	创新创业	必修	创新创业基础	1	16	16					/
			就业指导	1	16	16					
		选修	创造性思维与创新方法	1	16	16					2门课程至少选修1个学分
			本科研讨课	1	16	16					
			小计	3	48	48					

续表

课程体系	知识体系	课程性质	课 程 名 称	学分	学时分配				考核方式	备 注
					总学时	理论	实验	上机	其他		
通识教育课程	计算机基础	必修	计算机文化基础	2	32	16		16			／
		选修	文献网络信息检索	1	16	8		8			
			数据结构与算法	3	48	32		16			
			数据库与管理信息系统	3	48	32		16			
			可视化编程语言（VB）	3	48	32		16			
			小计	3	48	24		24			
			公共选修课	8	128						于 1～7 学期开设，人文社科、艺术体育类不少于 3 个学分（其中，人文社科类必须选修 1 个学分心理健康教育课程），经济管理类不少于 2 个学分，科学技术类不少于 1 个学分
			合 计	69							

注：通识教育模块中标"★"课程为主干课程，课程名称后面带 A 的，表示该课程的实验为课内实验，不单独开设。

专业在人文知识方面要求学生得到哲学、政治、思想道德、法律、文学等教学，所以安排了马克思主义基本原理概论、毛泽东思想和中国特色社会主义理论体系概论、中国近现代史纲要、思想道德修养与法律基础、大学语文、当代世界经济与政治等课程。其中，马克思主义基本原理概论、毛泽东思想和中国特色社会主义理论体系概论为主干必修课程，中国近现代史纲要、思想道德修养与法律基础为非主干必修课程，其他是非主干选修课程。

自然科学知识体系中的课程有高等数学、普通物理、概率论与数理统计、复变函数与积分变换、线性代数，这些课程给予学生进一步学习专业课所必需的基本的数理知识，传授给学生科学思维的方法，培养学生应用已知知识解决问题的能力，其中，高等数学、普通物理为本专业的主干必修课程。

课程根据选课的形式可分为主干必修课、非主干必修课和非主干选修课。

主干必修课和非主干必修课是根据各专业培养目标和规格要求，按照各专业知识结构的需要所设置的必须学习的公共基础课、专业基础课和专业课，通过学习必修课，学生应掌握该专业必备的基础知识、基本技能。教学计划中，主干必修课必须修读；非主干必修课是为保证专业培养目标而确定的必选课程，对学生而言，非主干必修课也必须修读。

非主干选修课是供学生自主选择的课程。学生既可以在专业教学计划指定的选修课程中选修，也可以跨学科选修。

3. 学科基础教育课程和专业教育课程

学科基础教育课程主要有：电路分析基础、模拟电子技术、数字电子技术、工程数学、电子线路 CAD 等。专业基础课程主要有：工程光学、量子力学、半导体物理学、电磁场与电磁波、激光原理与技术、通信原理、光信息处理、信号分析与处理、电视原理与技术、高频电子线路等。

专业教育课程主要有：光电检测技术、光纤通信、激光器件与应用等。专业方向课程主要有：红外物理、现代显示技术、光电成像技术、光交换与光通信网、光纤传感技术、光电子线路、半导体光电子器件等。

相应的实践性教学环节主要有：计算机应用基础训练、电子技术综合实验、科研技能训练、课程设计、电子设计、金工实习、认识实习、生产实习、毕业实习、毕业设计等。其中主要专业实验有：物理实验、电路分析基础实验、电子技术实验、工程光学实验、光电电子线路实验、光纤通信实验、激光原理与技术实验、光电检测技术实验、光信息处理实验、微弱信号探测实验、激光器件及应用实验、现代显示技术实验、光电子综合实验等。

学科基础教育课程和专业教育课程、学分及考核方式如表 2-3 所示。

表 2-3 学科基础教育课程和专业教育课程

(a) 学科基础教育课程

课程体系	知识体系	课程性质		课程名称	学分	学时分配					考核方式	备注
						总学时	理论	实验	上机	其他		
学科基础教育课程	学科基础课	主干	必修	电路分析基础 A	4.5	76	64	12			考试	
				模拟电子技术 A	4.5	76	64	12			考试	
				数字电子技术 A	4.5	76	64	12			考试	
		非主干	必修	高级语言程序设计	4	64	48		16		考试	
				信号与系统分析	4.5	74	64	10				
				学科前沿讲座	1	16	16					
			选修	MATLAB 程序设计	2	32	32					5门课程至少选修 2个学分
				专业外语	2	32	32					
				微电子学导论	2	32	32					
				数学物理方程	2	32	32					
				项目管理概论	2	32	32					

注：课程名称后面带 A 的，表示该课程的实验为课内实验，不单独开设。

（b）专业教育课程

课程体系	知识体系	课程性质		课程名称	学分	学时分配					考核方式	备注
						总学时	理论	实验	上机	其他		
专业教育课程	专业基础课	专业主干	必修	工程光学	3	54	48	6			考	
				半导体物理学	4	64	64				考	
				微控制器原理及应用	4	64	48		16		考	
		非主干	必修	通信原理 B	3	58	48	10				
				学科专业导论	1	16	16					
		小计			15	256	224	16	16			
	专业课	光电子专业方向	必修	激光器件与应用	3	58	48	10			考	专方向2选1，该专业方向的6门选修课少选至选6个学分
				光电检测技术	3	54	48	6			考	
				激光原理与技术	4	70	64	6			考	
			选修	现代显示技术	2	32	32					
				半导体光电子器件及应用	2	40	32	8				
				红外物理技术	2	36	32	4				
				光纤通信	3	58	48	10				
				光信息处理	3	48	48					
				电磁场与电磁波	3	58	48	10				
		电子工程专业方向	必修	电子测量技术	4	64	64				考	
				传感器原理与应用	3	48	48				考	
				计算机接口技术	3	48	48				考	
			选修	高频电子线路	3	58	48	10				
				光电成像技术	3	52	48	4				
				电子线路 CAD	2	32	16		16			
				现代电源技术	2	32	32					
				矿山信息技术及应用	2	32	32					
				DSP 技术及应用	3	48	32	16				
		小计			18	290	258	32				
	合计				33							

4. 集中实践教育课程

本专业按照德、智、体全面发展的原则和融传授知识、培养能力、提高素质为一体的教学要求，将素质教育和能力培养贯穿于人才培养的全过程，构建理工融合、文理交叉，以工科为背景向非工科专业渗透的、德智体有机结合的培养体系，使学生的思想道德素质、科学文化素质、专业素质、身体心理素质得到提高。具体内容如表 2-4 所示。

表 2 - 4　集中实践教育课程

课程体系	知识体系	课程性质	课程名称	学分	总学时	实验	上机	其他	考核方式	备注
集中实践教育	独立设课实验	必修	物理实验	2	54	54				
			军事理论	1	24					
			形势与政策教育	2	32					
			光电子专业实验	2	60					
		小计		7						
	集中性实践教学环节	必修	入学教育		1周					
			军训	2	2周					
			思政课实践活动	2	32					
			毕业教育		1周					
			数字电子技术设计性综合实验	2	2周					
			模拟电子技术设计性综合实验	2	2周					
			专业综合课程设计	1	1周					
			微控制器原理课程设计	1	1周					/
			金工实习	1	1周					
			认识实习	1	1周					
			生产实习	2	2周					
			电工电子设计	1	1周					
			电子设计与制作	2	2周					
			毕业实习	2	2周					
			毕业设计	16	16周					
			工程光学课程设计	1	1周					
			激光原理与技术课程设计	1	1周					
			激光器件与应用课程设计	2	2周					
			高级语言课程设计	1	1周					
			专业技能课程设计	1	2周					
		选修	英语翻译与写作训练	1	1周					4门课程至少选修1个学分
			英语听说训练	1	1周					
			计算机基本技能训练	1	1周					
			数学建模/实验	1	1周					
		小计		43	43周					
		总计		50						

5．第二课堂教学

第二课堂教学内容如表 2-5 所示。

表 2-5　第二课堂教学内容

教育层次	知识体系	课程性质	课程名称	最低学分	学期安排
第二课堂	思想道德	选修	公益活动	10	第 1～8 学期分散进行
			诚信教育		
			党团活动		
	创新创业	选修	学科竞赛		
			科技竞赛		
			学术活动		
			学术论文		
			科研获奖		
			国家专利		
	综合素质	选修	文体比赛		
			体质测试		
			文艺作品		
			技能训练（证书）		
	社会实践	选修	社会工作		
			社团活动		
			社会调查		
			其他		

2.2　电子科学与技术专业课程设置

按照电子科学与技术专业培养目标和课程体系的要求，我们将本专业 4 年 8 个学期的课程设置和顺序进行编排。课程的设置顺序属于教学计划制订中的内容，各个学校有不同的情况和传统，因而会有不同的考虑，此处给出的设置和顺序仅作为参考。制订的原则是不违背课程的先修要求。

1．电子科学与技术专业按学期的课程设置

电子科学与技术专业教学进程计划如表 2-6 所示。

表 2-6 电子科学与技术专业教学进程计划一览

学期	理 论 课 程					实践课程
1	思想道德修养与法律基础/2	大学英语(1)/4	高数 A/6 线性代数/2	大学计算机基础/2 高级语言程序设计/4	学科专业导论/1 体育/1	军事理论/1 物理实验(1)/2
2	中国近现代史纲要/2 人文社会科学选修课/2	大学英语(2)/4	高数 A/6 大学物理 A/4	电路分析基础 A/4.5	自然科学基础选修课/1 体育/1	金工实习/1 电工电子设计/1 高级语言课程设计/1
3	毛泽东思想和中国特色社会主义理论体系概论/2	大学英语(3)/3	大学物理 A/3 概率论与数理统计 B/3 复变函数与积分变换/2	模拟电子技术 A/4.5	体育/1	模拟电子技术设计性综合实验/1 认识实习/1 数学建模/实验/1
4	毛泽东思想和中国特色社会主义理论体系概论/2	大学英语(4)/3	数字电子技术 A/4.5 信号与系统分析/4.5 微控制器原理及应用/4		创新创业基础/1 体育/1	数字电子技术设计性综合实验/2 微控制器原理课程设计/1
5	马克思主义基本原理概论/3	专业外语 I/2	电磁场与电磁波/3 工程光学/3 半导体物理学/4 高频电子线路/3			工程光学课程设计/1 电子设计与制作/2
6		专业外语 II/2	通信原理 B/3 激光原理与技术/4 现代显示技术/2 光电检测技术/3 现代电源技术/2(可选修) 可视化编程语言/3(可选修)		就业指导/1 网络信息检索/1(可选) 学科前沿讲座/1	生产实习/1 激光原理与技术课程设计/1 专业技能课程设计/1
7			激光器件与应用/3 红外物理技术/2 光纤通信/3 半导体光电子器件及应用/2 光电成像技术/3 光信息处理/3			光电子专业实验/2 专业综合课程设计/1 激光器件与应用课程设计/2
8						毕业实习/2 毕业设计/16

注：斜线后面的数字为学分，课程名称后面带 A 的，表示该课程的实验为课内实验，不单独开设。

2. 电子科学与技术专业主要课程间的衔接关系

高等数学和工程数学中的概率论与数理统计、线性代数、复变函数与积分变换、数学物理方程是本专业主要的数学基础课，是学习其他专业基础课和专业课的数学工具。其他课程的安排顺序可从不同的知识领域考虑。

针对电路与电子知识领域设置的 5 门课程，其开课顺序为：电路分析基础→模拟电子技术→数字电子技术→高频电子线路→现代电源技术。

针对光电子技术知识领域设置的 5 门课程，其开课顺序为：工程光学、半导体物理学→激光原理与技术→激光器件与应用→红外物理技术。其中，后 2 门课也可同时上，所学内容没有先后关系。

针对光电信息处理知识领域设置的 5 门课程，其开课顺序为：电磁场与电磁波→光信息处理→光纤通信→光电检测技术→现代显示技术。

针对计算机知识领域设置的 5 门课程，其开课顺序为：高级语言程序设计→可视化编程语言→微控制器原理及应用→计算机接口技术。

上述开课顺序仅仅是从知识领域角度出发提供的一个参考，表明了主要的前导课程和后续课程，但其 4 个模块间仍有交叉关系，如在学过工程光学后，再开设光电检测技术，激光器件与应用和光纤通信同时开设，等等。

2.3 电子科学与技术专业主干课程教学大纲

前已述及，电子科学与技术专业理论教学的课程体系由通识教育课程、学科基础教育课程和专业教育课程组成。本节列出电子科学与技术专业部分学科基础课程和专业教育课程的 24 门主干课程知识模块的具体内容，包括每个模块的知识单元及其简介、每个知识单元的最少学时建议、所包括的知识点及基本要求。当然，在实际教学中，各知识模块的总学时与计划学时会存在差异。

1. 高等数学(192 学时)

高等数学课程是高等学校工科本科各专业学生的一门必修的重要基础课，主要内容包括：一元函数微积分学，向量代数和空间解析几何，多元函数微积分学，无穷级数(包括傅立叶级数)和常微分方程。本课程应注意培养学生的抽象思维能力、逻辑推理能力、空间想象能力和自学能力，还要特别注意培养学生具有比较熟练的计算能力和综合运用所学知识分析问题、解决问题的能力。

先修课程：初等数学

后续课程：工程数学

1）函数、极限、连续

最少学时：20 学时。

知识点：初等函数的性质；反函数；极限；夹逼准则和单调有界准则；函数在一点连续；极限的求解。

基本要求：

了解函数奇偶性、单调性、周期性和有界性；了解反函数的概念；了解两个极限存在准则(夹逼准则和单调有界准则);了解无穷小、无穷大,以及无穷小的阶的概念;了解间断点的概念,并会判别间断点的类型;了解初等函数的连续性和闭区间上连续函数的性质(介值定理和最大、最小值定理);

理解函数、复合函数、极限、函数在一点连续的概念;

掌握基本初等函数的性质及其图形、极限四则运算法则极限求解。

2)一元函数微分学

最少学时:30学时。

知识点:导数和微分;函数的可导性与连续性;罗尔(Rolle)定理,拉格朗日(Lagrange)定理;复合函数的求导;初等函数一阶、二阶导数的求法;隐函数和参数式所确定的函数的一阶、二阶导数的求法;反函数的导数的求法;函数单调性的判断和极值的求法;罗必达(L'Hôpital)法则求不定式的极限。

基本要求:

了解微分的四则运算法则和一阶微分形式不变性;了解高阶导数的概念;了解柯西(Cauchy)定理和泰勒(Taylor)定理;了解曲率和曲率半径的概念并会计算曲率和曲率半径;了解求方程近似解的二分法和切线法;

理解导数和微分的概念、几何意义及函数的可导性与连续性之间的关系、罗尔定理和拉格朗日定理、函数的极值概念;

掌握导数的四则运算法则和复合函数、初等函数、隐函数、反函数的一阶、二阶导数求导法,掌握用导数判断函数的单调性和求极值的方法和罗必达法则求不定式的极限。

3)一元函数积分学

最少学时:30学时。

知识点:不定积分的概念及性质;积分法;定积分的基本概念;定积分的计算;定积分的应用。

基本要求:

了解定积分的近似计算法;

理解不定积分和定积分的概念及性质,变上限的积分作为其上限的函数及其求导定理;

掌握不定积分的基本公式、换元法与分部积分法。

4)向量代数与空间解析几何

最少学时:14学时。

知识点:空间直角坐标;向量代数;空间中的平面和直线;二次曲面。

基本要求:

了解两个向量垂直与平行的条件、常用二次曲面的方程及其图形、旋转曲面及母线方程、空间曲线的参数方程和一般方程、曲面的交线在坐标平面上的投影;

理解空间直角坐标系、向量的概念及其表示、曲面方程的概念;

掌握向量的运算、单位向量、方向余弦、向量的坐标表达式、平面的方程和直线的方程及其求法。

5）多元函数微分学

最少学时：16 学时。

知识点：多元函数的概念；偏导数和全微分；偏导数的应用。

基本要求：

了解二元函数的极限与连续性的概念、有界闭域上连续函数的性质、方向导数与梯度的概念及其计算方法、求条件极值的拉格朗日乘数法、全微分存在的必要条件和充分条件；

理解多元函数、偏导数和全微分、多元函数极值和条件极值的概念，会求二元函数的极值；

掌握复合函数一阶偏导数、二阶偏导数、隐函数的偏导数、曲线的切线和法平面、曲面的切平面与法线的方程的求法。

6）多元函数积分学

最少学时：30 学时。

知识点：二重积分；三重积分；重积分的应用。

基本要求：

了解重积分的性质、计算方法、两类曲线积分的性质及两类曲线积分的关系、斯托克斯（Stokes）公式、散度、旋度的概念及其计算方法；

理解二重积分、三重积分、两类曲线积分的概念；

掌握二重积分、两类曲线积分的计算方法，格林（Green）公式、高斯（Gauss）公式，用重积分、曲线积分及曲面积分求一些几何量与物理量（如体积、曲面面积、弧长、质量、重心、转动惯量、引力、功等）。

7）无穷级数

最少学时：20 学时。

知识点：常数项级数；幂级数；傅立叶（Fourier）级数。

基本要求：

了解无穷级数基本性质及收敛的必要条件、正项级数的比较审敛法、交错级数的莱布尼茨（Leibniz）定理、无穷级数绝对收敛与条件收敛的概念以及绝对收敛与收敛的关系、函数项级数的收敛域及和函数的概念、幂级数收敛的基本性质、函数展开为泰勒级数的充分必要条件、幂级数在近似计算上的简单应用；

理解无穷级数收敛、发散以及和的概念；理解狄利克雷（Dirichlet）收敛定理，函数的傅立叶级数展开、正弦或余弦级数展开；

掌握几何级数和 p 级数的收敛性、正项级数的比较审敛法及比值审敛法、简单的幂级数收敛区间的求法、将一些简单的函数间接展开成幂级数。

8）常微分方程

最少学时：20 学时。

知识点：一阶常微分方程；二阶常微分方程。

基本要求：

了解微分方程、解、通解、初始条件和特解等概念，高阶常系数齐次线性微分方程的解法；

理解二阶线性微分方程解的结构；

掌握全微分方程、齐次方程和伯努利（Bernoulli）方程、变量可分离的方程及一阶线性方程的解法、二阶常系数齐次线性微分方程的解法，以及二阶常系数非齐次线性微分方程的特解。

2. 工程数学（60 学时）

工程数学包括复变函数、积分变换、矢量分析与场论等三部分内容。

1）复变函数（30 学时）

复变函数是高等学校工科学校的一门基础课，通过本课程的学习，学生能初步掌握复变函数基本理论与方法，为学习有关后继课程奠定必要的数学基础。

先修课程：高等数学

后续课程：信号与系统分析

（1）复数与复变函数。

最少学时：4 学时。

知识点：复数；复变函数的极限和连续。

基本要求：

熟练掌握复数的各种表示方法及其运算；了解区域的概念；理解复变函数概念；知道复变函数的极限和连续的概念。

（2）解析函数。

最少学时：6 学时。

知识点：复变函数的导数及复变函数解析充要条件；调和函数；解析函数的实（虚）部；指数函数、三角函数、对数函数及幂函数。

基本要求：

理解复变函数的导数及复变函数解析的概念；熟悉复变函数解析的充要条件；了解调和函数与解析函数的关系；掌握从解析函数的实（虚）部求其虚（实）部的方法；了解指数函数、三角函数、对数函数及幂函数的定义及它们的主要性质（包括在单值域中的解析性）。

（3）积分。

最少学时：4 学时。

知识点：柯西积分定理。

基本要求：

理解复变函数的定义，了解其性质，会求复变函数的积分；了解柯西积分定理，掌握柯西积分公式和高阶导数公式；知道解析函数无限次可导的性质。

（4）级数。

最少学时：6 学时。

知识点：复数项级数收敛、发散及绝对收敛；幂级数收敛半径；泰勒定理。

基本要求：

理解复数项级数收敛、发散及绝对收敛等概念；了解幂级数收敛圆的概念；掌握简单的幂级数收敛半径的求法；知道级数在收敛圆内的一些基本性质；了解泰勒定理；掌握 e^z，$\sin z$，$\ln(1+z)$，$(1+z)^n$ 的麦克劳林（Maclaurin）展开式，并能利用它们将一些简单的解析函数展开成幂级数；了解罗朗(Laurent)定理及孤立奇点的分类(不包括无穷远点)；掌握将简单的函数在其孤立奇点附近展开为罗郎级数的间接方法。

(5) 留数。

最少学时：6 学时。

知识点：留数；留数定理。

基本要求：

理解留数的概念；掌握极点处的留数的求法；理解留数定理；掌握用留数求围道积分的方法，会用留数求一些实积分。

(6) 保角映射。

最少学时：4 学时。

知识点：保角映射；线性映射的性质和分式线性影射的保圆性及对称型。

基本要求：

了解导数的几何意义及保角映射的概念；知道 $w=z^{\alpha}$(α 为正有理数)和 $w=e^{z}$ 的映射性质；掌握线性映射的性质和分式线性影射的保圆性及对称型；会求一些简单区域(例如平面、半平面、角型域、圆、带形域等)之间的保角映射。

2) 积分变换(20 学时)

该课程是电气、自动化、通信等专业必学的数学基础课，在学完高等数学的基础上培养学生会用积分变换进行有关方面的计算，从而为专业课的学习打下扎实的基础。

先修课程：高等数学

后续课程：信号与系统分析

最少学时：傅氏变换 10 学时，拉氏变换 10 学时。

知识点及基本要求：

理解傅氏变换、拉氏变换概念，理解拉氏变换的卷积定理；

掌握拉氏变换定理与逆定理，掌握傅氏变换与拉氏变换的线性性质、位移性质、微分性质、积分性质；

掌握某些常见函数及 $\delta(t)$ 函数的傅氏与拉氏变换公式，并会查表求象函数与象原函数，掌握拉氏变换求常系数线性微分方程的方法。

3) 矢量分析与场论(10 学时)

(1) 矢量分析。

知识点及基本要求：

了解矢性函数的概念，矢端函数；会矢性函数极限与连续性的计算；了解矢性函数的微分方法，矢性函数的导数及几何意义，矢性函数的微分及几何意义，会矢性函数的求导计算；会矢性函数的积分，不定积分，定积分的计算；正确了解矢性函数的导数与积分。

(2) 场论。

知识点及基本要求：

了解场的概念，等值面(数量场)，矢量场的矢量线的概念；理解并掌握数量场的方向导数与梯度的概念及计算；理解并掌握矢量场的通量和散度；通量、散度的概念及计算；理解并掌握矢量场的环量和旋度；环量、旋度的概念及计算；几个重要的场(有势场、管型场、调和场）；能够熟练掌握计算方向导数、梯度、通量与散度的计算；掌握算子进行计算。

（3）曲线坐标（为选学内容）。

知识点及基本要求：

了解曲线坐标的概念与曲线坐标的弧微分，梯度、旋度与调和量在正交曲线坐标系中的表达式。

3. 大学物理（105 学时）

大学物理主要包括力学、热学、电场与磁场、振动与波动、量子物理五部分，其任务是：要求学生掌握物理学的基本概念和基本原理以及研究问题的方法，培养学生分析问题和解决问题的能力，提高其科学素质，为学生今后掌握新技术和学习技术基础课及专业课打下良好的基础。

先修课程：高中物理

后续课程：半导体物理、激光原理

1）质点的运动学

最少学时：3 学时

知识点：参考系和坐标系，质点；位置矢量，位移；速度；加速度；直线运动；运动迭加原理，抛体运动；圆周运动。

基本要求：

理解质点模型和参考系、惯性系等概念；

掌握位置矢量，位移、速度、加速度等概念及计算方法；根据给定的用直角坐标表示的质点在平面内运动的运动方程，能熟练地计算质点的位移、速度和加速度；根据给定的用平面极坐标表示的运动方程，能灵活、熟练地计算质点作圆周运动时的角速度、角加速度，切向与法向加速度。

2）牛顿运动定律

最少学时：4 学时。

知识点：牛顿（Newton）运动定律；力学的单位制和量纲；冲量，动量，动量定理；功，动能，动能定理。

基本要求：

掌握牛顿三定律及其适用条件、功的概念；能熟练地计算直线运动情况下受力的功；掌握质点的动能定理和动量定理，能用它们分析、解决质点在平面内运动时的简单力学问题。

3）运动的守恒定律

最少学时：4 学时。

知识点：保守力做功；势能，机械能守恒定律；动量守恒定律；能量守恒定律。

基本要求：

掌握保守力做功的特点及势能概念；会计算势能；掌握机械能守恒定律，动量守恒定律及其适用条件。掌握运用守恒定律分析问题的思路和方法，能分析二、三个质点的系统在平面内运动的力学问题。

4）刚体的转动

最少学时：3 学时。

知识点：刚体的定轴转动；转动动能，转动惯量；力矩，转动定律；力矩的功，刚体的定轴转动中的转动定理；动量矩和冲量矩，动量矩守恒定律。

基本要求：

理解转动惯量、动量矩概念；

掌握刚体绕定轴转动定律、动量矩守恒定律及其适应条件，应用该定律分析、计算有关问题。

5）相对论基础

最少学时：5 学时。

知识点：伽利略（Galileo）变换和牛顿力学中的时空观；迈克尔逊-莫雷（Michelson - Morley）实验；爱因斯坦（Einstein）"狭义相对论"的基本假设，洛仑兹（Lorentz）坐标变换；相对论时空观；相对论动力学基础。

基本要求：

了解狭义相对论中同时性的相对性以及长度收缩和时间膨胀的概念；了解牛顿力学中的时空观和狭义相对论中的时空观，以及二者的差异；

理解爱因斯坦狭义相对论的两个基本假设；理解洛仑兹坐标变换；理解狭义相对论中质量和速度的关系、质量和能量的关系，并能用以分析和计算有关的简单问题。

6）气体动理论

最少学时：4 学时。

知识点：平衡状态，理想气体状态方程；理想气体的压强公式；理想气体分子平均平动动能与温度的关系；能量按自由度均分定理；理想气体内能；麦克斯韦（Maxwell）分子速率分布定律；分子碰撞及平均自由程；气体内的迁移现象及其基本定律。

基本要求：

了解系统的宏观性质是微观运动的统计表现；了解气体分子热运动图像；通过推导气体的压强公式，了解从提出模型、进行统计平均、建立宏观量与微观量的联系到阐明宏观量微观本质的思想与方法；了解气体分子平均碰撞频率及平均自由程；了解麦克斯韦速率分布定律及速率分布函数和速率分布曲线的物理意义；了解气体分子三种速率的统计意义；

理解压强、温度、内能等概念；理解理想气体的压强公式和温度公式及其物理意义；理解气体分子平均能量按自由度均分定理。

7）热力学基础

最少学时：5 学时。

知识点：功、热量、内能；热力学第一定律；热力学第一定律对理想气体等值过程的应用；气体的摩尔热容；绝热过程；循环过程，卡诺循环；热力学第二定律；可逆过程和不可逆过程；卡诺定理；热力学第二定律的统计意义和适用范围。

基本要求：

了解两种叙述的等价性；了解热力学第二定律的统计意义及无序性；

理解平衡过程；理解热力学第二定律的两种叙述；理解可逆和不可逆过程；

掌握热力学第一定律，能熟练分析、计算理想气体各等值过程和绝热过程中功、热量、内能改变量及卡诺循环的效率；掌握功和热量的概念。

8) 真空中的静电场

最少学时：10 学时。

知识点：电荷和电场；库仑(Coulomb)定律，电介质；电场强度，电力线；电位移，电通量，高斯定理；电场力的功，电势；场强和电势梯度的关系。

基本要求：

了解场强与电势的微分关系；能对一些简单问题进行场强和电势的计算；

理解高斯定理和环路定理；理解电偶极矩概念，并能计算电偶极子在电场中所受的力和力矩；

掌握电场强度、电势的概念及场强叠加原理；掌握场强与电势的积分关系；掌握用高斯定律计算场强的条件和方法，并能熟练地应用。

9) 导体和电介质中的静电场

最少学时：6 学时。

知识点：电场中的导体；电场中的电介质，电介质的极化；欧姆定律的微分形式；电容，电容器；电场的能量。

基本要求：

了解静电场中的导体、电介质的极化现象及其微观机理和特性；了解电容定义及其物理意义；

理解维持恒定电流的条件，电动势的概念，欧姆(Ohm)定律的微分形式的物理意义。

10) 真空中的恒定磁场

最少学时：10 学时。

知识点：基本磁现象；磁场，磁感应强度；毕奥-萨伐尔(Biot - Savart)定律；磁场对电流导线的作用力，安培定律；洛仑兹力；磁场强度，安培环路定理；运动电荷的磁场。

基本要求：

理解恒定磁场的高斯定理和安培环路定理；理解安培定律和洛仑兹力公式；理解磁矩概念，能计算几种简单形状载流导体在磁场中所受的力和力矩，能分析点电荷在均匀电磁场中的受力和运动的简单情况；

掌握磁感应强度的概念和毕奥-萨伐尔定律，能对一些简单问题进行磁感应强度的计算；掌握用安培环路定理计算磁感应强度的条件和方法，并能熟练运用。

11) 磁介质中的磁场

最少学时：6 学时。

知识点：磁介质；磁化强度；铁磁质。

基本要求：

了解磁介质的极化现象及其微观解释、铁磁质的特性、各向同性介质中的 H 和 B 之间的关系和区别。

12）电磁感应

最少学时：8 学时。

知识点：电磁感应基本定律；磁场中运动导线内感应电动势；涡旋电场；自感应；互感应；磁场的能量；麦克斯韦方程组（积分形式）；电磁振荡；电磁波的辐射和传播。

基本要求：

了解位移电流概念；了解麦克斯韦方程组（积分形式）的物理意义、电磁波的性质；

理解动生电动势和感生电动势的概念和规律；了解涡旋电场的物理意义；理解自感系数和互感系数的定义及其物理意义；在一些简单的对称情况下，能计算磁场贮存的能量；

掌握法拉第电磁感应定律。

13）机械振动

最少学时：8 学时。

知识点：振动的一般概念；简谐振动；无阻尼自由振动；阻尼振动，受迫振动；同方向简谐振动的合成。

基本要求：

理解两个同方向、同频率谐振动合成振动的规律，以及合振动振幅极大和极小的条件；

掌握描述谐振动的各物理量特别是位相的物理意义及相互关系，能比较同一谐振动在不同时刻或同频率不同谐振动的位相差；掌握旋转矢量法，并能用以分析有关问题；掌握谐振动的基本特征，能建立弹簧振子或单摆振动的微分方程，能根据给定的初始条件求出一维谐振动的运动方程，并理解其物理意义。

14）机械波

最少学时：8 学时。

知识点：机械波的产生和传播，简谐波；波的传播速度，波长，频率；波动方程；波的能量，能流密度；惠更斯原理；波的叠加原理，波的干涉；驻波；波的绕射和散射。

基本要求：

了解波的能量传播特征、能流密度等概念；

理解机械波产生的条件；理解波形图线；理解惠氏（Huygens）原理和波的叠加原理；理解驻波和行波的区别；

掌握描述简谐波的各物理量的物理意义及其相互关系；掌握根据已知质点的谐振方程建立平面简谐波的波动方程的方法，以及波动方程的物理意义；掌握波的干涉条件；能应用位相差或波程差概念分析和确定相干波叠加后振幅加强和减弱的条件。

15）波动光学

最少学时：12 学时。

知识点：光源，获得相干光的方法；光程及光程差；薄膜干涉；迈克耳孙（Michelson）干涉仪；惠更斯-菲涅耳（Huygens-Fresnel）原理；单缝和圆孔夫琅禾费（Fraunhofer）衍射；衍射光栅；自然光和偏振光；起偏和检偏；光的双折射现象。

基本要求：

了解迈克耳孙干涉仪的工作原理；了解惠更斯-菲涅耳原理。

理解获得相干光的方法；理解光栅衍射公式，会确定光栅谱线的位置，会分析光栅常数及波长对光栅衍射谱线分布的影响；理解自然光和线偏振光；理解布儒斯特定律及马吕斯定律；理解偏振光的获得方法和检验方法。

掌握光程的概念及光程差和位相差的关系，能分析确定杨氏(Young)双缝干涉条纹及薄膜等厚干涉条纹的位置；掌握分析单缝夫琅禾费衍射暗纹分布规律的方法，会分析缝宽及波长对衍射条纹分布的影响。

16）早期量子论和量子力学基础

最少学时：4 学时。

知识点：原子光谱的实验规律；玻尔(Bohr)的氢原子理论；德布罗意(L. V. Broglie)的物质波；测不准关系；波函数，薛定谔(Schrödinger)方程；氢原子的量子力学处理；光电效应，康普顿效应；爱因斯坦方程，光子。

基本要求：

了解理论对这两个假设的解释；了解玻尔量子化假设的意义及局限性；了解德布罗意的物质波假设及电子衍射实验；了解一维定态薛定谔方程；了解如何用波动观点说明能量量子化；了解角动量量子化与空间量子化；了解微观粒子的自旋；了解描述原子中电子的运动状态的四个量子数；了解原子的电子壳层结构。

理解光电效应和康普顿(Compton)效应的实验规律以及爱因斯坦的光子假设；理解氢原子光谱的实验规律及玻尔的氢原子理论；理解描述物质波动性的物理量(波长、频率)和粒子性的物理量(动量、能量)间的关系；理解波函数及其统计解释、测不准关系。

掌握实物粒子的波粒二象性。

17）激光和固体的量子理论

最少学时：4 学时。

知识点：激光的产生；激光的特性；固体能带概念；半导体和绝缘体。

基本要求：

了解激光的形成、特性及其主要应用；了解固体能带概念，导体、半导体和绝缘体的能带；了解本征半导体，n 型半导体、p 型半导体。

4. 普通化学(36 学时)

普通化学主要以化学反应的基本原理和物质结构理论及物质性质为主线，介绍热化学、化学热力学、化学动力学、水化学和电化学，同时穿插介绍能源、大气污染、水污染和金属腐蚀等；运用理论化学的最新成就介绍原子、分子、超分子、晶体的结构与特征及其与周期表的关系，并介绍元素化学与无机材料、高分子化合物与材料、生命与健康等。

先修课程：高中化学

后续课程：激光器件

1）绪论

最少学时：2 学时。

知识点：化学学科的历史发展；化学学科的内容体系和研究方法；化学在科学研究、国民经济发展中的地位和作用；化学对培养现代工程技术人才知识结构和科学素质的地位和作用。

基本要求：

了解普通化学课程的主要内容；

了解化学的发展历程及其在社会可持续发展和科学研究中的作用。

2）物质变化过程中的能量关系

最少学时：3 学时。

知识点：物质的量与摩尔，摩尔质量，理想气体状态方程，物质的量分数，分压定律；物质变化过程中的能量关系体系与环境、状态与状态函数，热力学第一定律、内能功和热；反应热效应等容热效应 Q_v，等压热效应 Q_p、焓 H、标准生成焓、化学反应焓变，煤炭发热量及其测定和计算。

基本要求：

了解物质的量与摩尔、摩尔质量；了解物质变化过程中的能量关系体系与环境、状态与状态函数；了解反应热效应等容热效应 Q_v，等压热效应 Q_p、焓 H、标准生成焓、化学反应焓变；

理解热力学第一定律、内能功和热；理解理想气体状态方程，物质的量分数，分压定律；

掌握煤炭发热量及其测定和计算。

3）化学反应的基本原理

最少学时：9 学时。

知识点：化学反应的方向和吉布斯（Gibbs）函数；化学反应进行的程度与化学平衡；化学反应速率。

基本要求：

掌握化学反应的一般原理，重点是化学反应中的物质关系、能量关系、化学平衡（状态函数：U、H、S、G，反应方向判据、平衡常数 K；酸碱平衡、沉淀—溶解平衡、配位平衡、氧化—还原平衡，四大化学平衡的相互制约关系，影响平衡移动的各种因素）、化学反应速率等。

4）水化学

最少学时：6 学时。

知识点：溶液的通性；水溶液中的单相离子平衡；难溶电解质的多相离子平衡；胶体与界面化学。

基本要求：

了解溶液的通性；

理解难溶电解质的多相离子平衡；

掌握水溶液中的单相离子平衡。

5）氧化还原反应与电化学

最少学时：6 学时。

知识点：原电池与电极电势；能斯特（Nernst）方程；判断氧化还原反应的方向；计算氧化还原反应的平衡常数；比较氧化剂或还原剂的相对强弱；电解池的组成与电极反应分解电压与超电势；电解产物的析出规律；电镀、电解分析。

基本要求：

了解原电池与电极电势、电镀、电解分析；

理解能斯特方程、电极反应分解电压与超电势；

掌握氧化还原反应的方向的判断和氧化还原反应的平衡常数的计算。

6）物质结构基础

最少学时：8学时。

知识点：原子的组成，原子核外电子运动的特性；电子运动状态的近代描述；多电子原子结构和周期系—原子轨道能级；价键理论；杂化轨道理论；分子轨道理论；晶体；单质的晶体类型及其物理性质；能带理论；金属单质的化学性质与金属腐蚀。

基本要求：

掌握物质结构的基本原理，重点是四个量子数对核外电子运动状态的描述，核外电子排布的一般规律、元素性质的周期性变化规律，价键理论、杂化轨道理论和分子空间构型、配合物的基本概念和价键理论；在明确化学键、分子间力及其氢键的本质及特性的基础上了解晶体结构及其对物质性质的影响。

7）元素化学

最少学时：3学时。

知识点：单质的熔点、硬度以及导电性等物理性质；金属单质与非金属单质的氧化还原性；某些化合物的熔点、沸点、硬度等；某些化合物的氧化还原性和酸碱性；配位化合物的成键理论和空间构型、稳定性、应用。

基本要求：

熟悉常见元素单质和重要化合物的典型性质及其变化的规律性，能应用物质结构或热力学基础知识加以理解，了解它们在工程技术实际中的应用；区别不同专业，对过渡金属、希土金属和非金属元素的单质和化合物以及无机聚合物等的性质及应用予以重视。

8）化学与社会、科技发展讲座

最少学时：6学时。

知识点：化学与社会生活；化学与材料；化学与信息。

基本要求：

了解化学在现代科学技术及社会发展中的重要应用，化学与社会、化学与环境保护及可持续发展、化学与能源、化学与生活及人类健康、化学与材料、化学与信息和化学与纳米科技等。

5. 电路分析基础（60学时）

主要讲述电路模型和电路定律；电阻电路的等效变换；电阻电路的一般分析；电路定理；含有运算放大器的电阻电路；一阶电路和二阶电路；相量法；正弦稳态电路的分析；含有耦合电感的电路；三相电路；非正弦周期电流电路和信号的频谱；网络函数；电路方程的矩阵形式；二端口网络；非线性电路简介等。

先修课程：大学物理、高等数学、线性代数

后续课程：模拟电子技术、电子线路EDA

1）集总电路中电压、电流的约束关系

最少学时：4学时。

知识点：电路及电路模型；集总假设；电路变量：电流、电压及功率；基尔霍夫定律；电压源；电流源；分压电路和分流电路；受控源；两类约束；支路电流法和支路电压法；线性电路和叠加定理。

基本要求：

掌握并正确运用电压、电流的参考方向和关联方向；掌握各电路元件（电阻、电感、电容、电压源、电流源、独立源、受控源）的物理意义及其伏安关系；掌握功率和电能的物理意义和计算方法；掌握基尔霍夫电流定律和电压定律。

2）电阻电路的一般分析

最少学时：4 学时。

知识点：树的概念；网孔分析法；节点分析法；割集分析法；回路分析法；含运放的电阻电路。

基本要求：

了解运算放大器的电路模型；

掌握理解电路的图、图与树的相关理论；掌握线性电路的基本分析方法：支路法、网孔法回路法、节点法、割集法；掌握线性方程组的完备性概念及各电路分析方法的特点，会用最简洁的方法分析具体电路；掌握含有理想运算放大器的电阻电路的分析方法。

3）大规模电路分析方法概要

最少学时：4 学时。

知识点：关联矩阵；基本回路矩阵；支路方程的矩阵形式；基本割集矩阵和割集分析法。

基本要求：

了解矩阵及其电路的矩阵描述方法；了解网络的系统分析方法。

4）分解方法及单口网络

最少学时：4 学时。

知识点：分解的基本步骤；单口网络的伏安关系；单口网络的置换定理；单口网络的等效电路；戴维南定理；诺顿定理；最大功率传递定理；T 形网络和 Ⅱ 形网络的等效变换。

基本要求：

掌握分解单口网络的基本步骤和单口网络的伏安关系的求解方法；掌握网络等效的概念，掌握置换定理、戴维南定理和诺顿定理；掌握最大功率传递定理及其物理意义；掌握电路的等效变换，电阻的串并联，电源的等效变换，T 形△电阻网络的等效变换，输入电阻的定义和计算方法。

5）简单非线性电阻电路的分析

最少学时：2 学时。

知识点：含一个非线性元件的电阻电路的分析；假定状态分析法；非线性电阻的串联、并联和混联；小信号分析。

基本要求：

掌握非线性元件线性化的概念和方法；掌握非线性电阻电路的图解分析方法；掌握非线性电阻电路的小信号分析方法。

6）电容元件与电感元件

最少学时：2 学时。

知识点：电容元件的伏安关系；电容电压的连续性质和记忆性质；电感元件的伏安关系；电感电流的连续性质和记忆性质；电感器和电容器的非线性模型；电路的对偶性。

基本要求：

掌握电容电压和电感电流的连续性；掌握对偶概念及其应用。

7）一阶电路

最少学时：4 学时。

知识点：分解方法；一阶微分方程的求解；零输入响应；零状态响应；线性动态电路的叠加定理；三要素法；阶跃函数和阶跃响应；一阶电路的子区间分析。

基本要求：

掌握一阶微分方程解的理论；掌握一阶电路零输入和零状态响应的物理意义，线性动态电路的叠加定理；掌握时间常数、零状态响应、零输入响应和全响应，以及自由分量（暂态分量）和强制分量（稳态分量）的物理意义；掌握一阶电路的三要素公式法；掌握阶跃函数和阶跃响应。

8）二阶电路

最少学时：4 学时。

知识点：LC 电路中的正弦振荡；RLC 串联电路的过阻尼、临界阻尼和欠阻尼情况；直流 RLC 串联电路的完全响应；GCL 并联电路的分析。

基本要求：

掌握二阶电路的数学描述与分析方法；了解二阶电路中的的过阻尼、临界和欠阻尼振荡现象及其物理意义。

9）冲击函数在动态电路分析中的应用

最少学时：4 学时。

知识点：冲击函数及其性质；电容电压和电感电流的跃变；冲击响应；由阶跃响应求冲击响应；卷积积分。

基本要求：

掌握冲击函数和阶跃函数及其性质；掌握阶跃响应与冲击响应的关系；了解卷积定理及其应用。

10）交流动态电路

最少学时：4 学时。

知识点：周期电压和电流；正弦电压和电流；正弦 RC 电路的分析；相量；用相量法求微分方程的特解；正弦稳态响应。

基本要求：

掌握周期和正弦量及其相量表示；掌握相量的图解法和解析运算方法；电路定律的相量形式。

11）正弦电路中的阻抗和导纳

最少学时：4 学时。

知识点：复阻抗与复导纳；基尔霍夫（Kirchhoff）定律的相量形式；相量模型；相量模型的网孔分析法和节点分析法；相量模型的等效。

基本要求：

掌握复阻抗、复导纳的概念和计算；掌握电路定律的相量形式；掌握正弦电路的相量分析方法。

12）正弦稳态功率和能量、三相电路

最少学时：4 学时。

知识点：电阻的平均功率；单口网络的平均功率、功率因数和无功功率；复功率；正弦稳态最大功率传递定理；三相电路。

基本要求：

了解最大功率传输概念及物理意义；了解三相电路及相关计算；

掌握复功率、有功功率、无功功率、视在功率概念及物理意义；掌握功率因数的物理意义。

13）电路的频率响应

最少学时：4 学时。

知识点：正弦稳态网络函数；RLC 电路的频率响应与谐振；波特图。

基本要求：

了解波特图；

掌握网络函数和频率响应的概念；掌握串联谐振和并联谐振电路分析方法；掌握电路谐振的条件以及串并联谐振的特点。

14）耦合电感和理想变压器

最少学时：6 学时。

知识点：耦合电感的去耦等效电路；空芯变压器电路的分析；理想变压器。

基本要求：

掌握耦合与去耦合的物理意义；掌握含有耦合电感电路的分析方法；掌握空芯变压器能量传递的物理意义；掌握理想变压器的电压、电流关系。

15）双口网络

最少学时：6 学时。

知识点：双口网络的伏安关系；互异双口和互异定理；二端口网络参数的求法；二端口网络的等效电路、转移函数和连接。

基本要求：

掌握双口网络的概念；掌握二端口网络的方程的意义和参数的求法；掌握二端口网络的等效电路、转移函数和连接；掌握互易定理。

6. 模拟电子技术（60 学时）

本课程的主要内容为常用半导体电子元器件及常用电子电路基本知识，包括半导体二极管及基本电路、半导体三极管及放大电路基础、场效应管放大电路、功率放大电路、集成运放、反馈放大电路、信号运算及处理电路、信号产生电路、直流稳压电源等模拟电子线路和集成电路的工作原理以及分析方法和设计。

先修课程：电路分析基础

后续课程：数字电子技术、光电子线路、光电检测技术

1) 绪论

最少学时：2学时。

知识点：电子系统与信号；放大电路的基本知识。

基本要求：

了解放大器的参数及频率响应概念。

2) 半导体二极管及基本电路

最少学时：6学时。

知识点：半导体基础知识；P–N结的形成及特性；半导体二极管；二极管基本电路及其分析方法；特殊二极管。

基本要求：

了解本征半导体，杂质半导体性能；

理解二极管工作原理及特性曲线；

掌握二极管主要参数。

3) 半导体三极管及放大电路基础

最少学时：14学时。

知识点：半导体BJT；共射极放大电路；图解分析法；小信号模型分析法；放大电路的工作点稳定问题；共集极电路；共基极电路；放大电路频率响应；单级放大电路的瞬态响应。

基本要求：

理解三极管放大电路工作原理，图解过程；

掌握三极管工作原理及特性曲线、单级放大器H参数计算及低频响应计算。

4) 场效应管放大电路

最少学时：6学时。

知识点：结型场效应管；砷化镓金属–半导体场效应管；金属–氧化物–半导体场效应管；场效应管放大电路；各种放大器件电路性能比较。

基本要求：

掌握场效应管工作原理；

掌握场效应管特性曲线及结型场效应管放大电路。

5) 功率放大电路

最少学时：6学时。

知识点：功率放大电路的一般问题；乙类双电源互补对称功率放大电路；甲乙类互补对称功率放大器；集成功率放大电路；功率器件。

基本要求：

掌握OCL及OTL功放电路工作原理；

掌握 OCL 及 OTL 电路主要参数及选管参数计算。

6）集成运算放大器

最少学时：4 学时。

知识点：集成运算放大器中的电源；差动式放大电路；集成电路运算放大器；集成运放的主要参数；专用型集成电路运算放大器；放大电路的噪声与干扰。

基本要求：

掌握差动放大器工作原理及集成运放结构；

掌握集成运算放大器的主要参数及意义。

7）反馈放大电路

最少学时：8 学时。

知识点：反馈的概念与分类；负反馈放大电路方框图及增益的一般表达式；负反馈对放大电路性能的改善；负反馈放大电路的分析方法；负反馈放大电路的稳定问题。

基本要求：

了解负反馈对放大器性能的影响；

理解反馈放大器框图及公式意义；

掌握反馈组态判断及深度负反馈放大器参数计算。

8）信号运算及处理电路

最少学时：6 学时。

知识点：基本运算电路；实际运算放大器运算电路的误差分析；对数和反对数运算电路；模拟乘法器；有源滤波电路；开关电容滤波器。

基本要求：

理解理想运算放大器的工作条件；

掌握运算放大器的应用计算；

9）信号产生电路

最少学时：6 学时。

知识点：正弦波振荡电路的振荡条件；RC 正弦波振荡电路；LC 正弦波振荡电路；非正弦信号产生电路。

基本要求：

掌握振荡原理、振荡条件、振荡判断及文氏桥振荡器计算。

10）直流稳压电源

最少学时：2 学时。

知识点：小功率整流滤波电路；串联反馈式稳压电路；串联开关式稳压电路；直流变换型电源。

基本要求：

了解直流稳压电源组成；

理解稳压原理及稳压电源主要参数。

7. 数字电子技术（60 学时）

本课程的主要内容包括逻辑代数理论，门电路、组合逻辑电路、触发器、时序逻辑电路、脉冲波形产生及整形电路、半导体存储器、A/D、D/A 转换电路等常用数字电子元器件及常用数字电子电路的工作原理和分析设计及应用。

先修课程：电路原理、模拟电子技术

后续课程：光电子线路、光电检测技术

1）逻辑代数基础

最少学时：6 学时。

知识点：数制和码制；逻辑代数中的三种基本运算；逻辑代数的基本公式和常用公式；逻辑代数的基本定理；逻辑函数；逻辑函数的公式化简法；逻辑函数的卡诺图化简法；具有无关项的逻辑函数及其化简。

基本要求：

了解数制和码制概念；

掌握逻辑代数基本定理，逻辑代数化简方法。

2）门电路

最少学时：10 学时。

知识点：半导体二极管和三极管的开关特性；与、或、非门电路；TTL 门电路；CMOS 门电路；MOS 集成电路；TTL 电路有 CMOS 电路的接口。

基本要求：

了解 TTL 反相器及 CMOS 反相器电路工作原理；

理解 TTL 门电路传输特性及主要参数。

3）组合逻辑电路

最少学时：10 学时。

知识点：组合逻辑电路分析与设计；常用组合逻辑电路；组合逻辑电路中的竞争-冒险现象。

基本要求：

掌握常见组合逻辑电路分析及设计方法。

4）触发器

最少学时：8 学时。

知识点：触发器的电路结构与工作原理；触发器的逻辑功能及其分析方法；触发器的动态特性。

基本要求：

了解触发器结构；

掌握常见触发器分析方法及反转规律。

5）时序逻辑电路

最少学时：10 学时。

知识点：时序逻辑电路的分析方法；常用时序逻辑电路；时序逻辑电路的设计；时序逻辑电路中的竞争-冒险现象。

基本要求：

了解时序概念；

掌握常见时序逻辑电路分析及设计方法。

6）脉冲波形产生及整形

最少学时：8 学时。

知识点：施密特触发器；单稳态触发器；多谐振荡器；555 定时器及其应用。

基本要求：

了解常见脉冲波形产生及整形电路组成；

掌握 555 定时器的基本应用。

7）半导体存储器

最少学时：4 学时。

知识点：只读存储器(ROM)；随机存储器(RAM)；存储器容量的扩展；用存储器实现组合逻辑函数；串行存储器。

基本要求：

了解 ROM，RAM，SRAM 存储原理；

理解存储器扩展方法；

掌握用存储器实现组合逻辑函数方法。

8）模/数，数/模转换

最少学时：4 学时。

知识点：D/A 转换器；A/D 转换器。

基本要求：

了解 A/D，D/A 转换原理；

理解 A/D，D/A 主要参数；

8. C 语言程序设计(30 学时)

本课程介绍 C 语言的基本语法、标准数据类型、扩展数据类型及数据描述方法，C 语言语句及操作描述方法，C 语言程序设计方法，常用的基本算法和编程技巧，并拓展介绍 C++语言与面向对象的程序设计方法。

先修课程：计算机文化基础

后续课程：数据结构、单片机原理及应用

1）概论

最少学时：2 学时。

知识点：C 语言的历史；C 语言的基本语法成分：字符集、标识符、关键字、运算符；C 程序的结构；C 程序的实现。

基本要求：

了解 C 语言的特点、C 语言的结构；

掌握 C 语言的基本语法成分。

2）基本数据类型

最少学时：2 学时。

知识点：整型（基本整型、扩展整型）；浮点型；字符型；逻辑类型；标准函数；量的定义方法；

基本要求：

掌握基本的数据类型及常量和变量的定义。

3）表达式

最少学时：4学时。

知识点：表达式的组成、书写、分类与计算；算术表达式；赋值表达式；逻辑表达式；位运算表达式；其他表达式。

基本要求：

了解位运算表达式和其他表达式的用法；

掌握算术表达式、赋值表达式、逻辑表达式的用法。

4）顺序结构程序设计

最少学时：4学时。

知识点：控制语句；表达式语句；特殊语句；数据输入；数据输出；算法；结构化程序设计。

基本要求：

了解结构化程序设计方法；

理解 C 语言语句；

掌握数据输入、输出的一般格式。

5）选择结构程序设计

最少学时：4学时。

知识点：单分支 if 语句；双分支 if 语句；多分支 if 语句；switch 语句；goto 语句。

基本要求：

了解 goto 语句的用法；

掌握 if 语句和 switch 语句的用法。

6）循环结构程序设计

最少学时：4学时。

知识点：while 语句；do-while 语句；for 语句；终止循环语句；多重循环。

基本要求：

理解多重循环；

掌握 while 语句、do-while 语句和 for 语句的用法。

7）函数

最少学时：2学时。

知识点：函数的结构；函数的定义；函数的调用；数据传递方法；嵌套调用；递归调用；局部变量与全局变量；变量的存储类别。

基本要求：

了解函数嵌套调用和递归调用；

理解数据传递方法、变量的作用域和变量的存储类别；

掌握函数的定义和调用方法。

8）数组类型

最少学时：2 学时。

知识点：一维数组；二维数组；字符数组与字符串；重命名类型。

基本要求：

了解二维数组和多维数组的用法；

掌握一维数组和字符数组的用法。

9）结构体类型和共用体类型

最少学时：2 学时。

知识点：结构体类型与结构体变量；结构体数组；共用体类型与共用体变量；枚举类型；

基本要求：

了解结构体类型、共用体类型和枚举类型的用法。

10）指针类型

最少学时：2 学时。

知识点：指针与指针变量；指针与数组；指针与字符串；指针与结构体；指针与链表；指向函数的指针变量；指针函数；指针数组。

基本要求：

了解指针与链表的用法；

掌握指针、指针变量、指针与数组、指针与函数的用法。

11）文件类型

最少学时：2 学时。

知识点：文件类型；文件指针变量；文件的打开与关闭；文件的读写与建立；文件辅助操作。

基本要求：

了解基本的文件操作。

9. 微控制器原理及应用(80 学时)

微控制器原理及应用是电子与信息类、计算机应用类及物联网工程等专业的一门重要的专业基础主干课程，学生通过学习本课程能了解微型计算机的内部运行原理、51 单片机的结构及微机接口应用的基本方法，掌握汇编语言及 C51 语言的相关基础知识和程序设计方法。

该课程重在培养技能，使学生获得利用微控制器进行系统开发的能力。通过本课程的学习，学生能够利用 51 系列单片机进行系统开发与设计，为学习本专业后续课程打下良好的基础。

本课程教学任务主要包括微型计算机的基础知识、MCS-51 单片机的结构、汇编语言及软件编程、51 单片机的片内功能模块、C51 语言及典型程序设计、51 典型并行及串行接口设计和常用模块及典型电路设计。

先修课程：模拟电子技术，数字电子技术

后续课程：数据结构与算法，数据库与管理信息系统

1）计算机的数值及其转换

最少学时：4 学时。

知识点：计算机的软硬件组成，计算机中数与字符的编码，计算机中信息的表示及运算、不同数制间制之间的相互转换的方法。

基本要求：

了解计算机的软硬件组成及发展及性能分析。

理解计算机中数与字符的编码。

掌握计算机中信息的表示及运算、不同数制间制之间的相互转换的方法。

2）微型计算机结构

最少学时：6 学时。

知识点：CPU 的结构及存储器的类型及特点，微处理器、微型计算机及单片机的概念，微机的工作过程，51 系列单片机的结构及特点。

基本要求：

了解微处理器的发展；

理解 CPU 的结构及存储器的类型与特点；

掌握微处理器，微型计算机及单片机的概念与区别；

掌握微机的工作过程，51 系列单片机的结构与特点。

3）51 单片机结构

最少学时：8 学时。

知识点：MCS-51 系列单片机特点，结构，包括 MCS-51 的引脚、中央处理器特点、存储器的结构及 I/O 接口等。

基本要求：

了解 MCS-51 系列单片机的特点；

掌握 MCS-51 系列单片机的结构，包括 MCS-51 的引脚、中央处理器特点、存储器的结构及 I/O 接口等。

4）汇编语言指令系统

最少学时：14 学时。

知识点：MCS251 单片机汇编语言指令，指令格式及数据类型 MCS251 单片机汇编语言指令系统的寻址方式和各类指令，常用汇编语言的语法结构及编程技巧。

基本要求：

了解 MCS251 单片机汇编语言指令的特点；

理解的指令格式及数据类型；

掌握 MCS251 单片机汇编语言指令系统的寻址方式和各类指令；

熟练掌握常用汇编语言的语法结构及编程技巧。

5）MCS-51 单片机内部功能模块

最少学时：12 学时。

知识点：MCS-51 单片机的中断系统、定时/计数器、串行接口的接口功能，中断系统、定时/计数器及串行接口的工作方式。

基本要求：

了解 MCS-51 单片机的中断系统、定时/计数器、串行接口的接口功能；

掌握中断系统、定时/计数器及串行接口的工作方式。

6）C51 程序设计

最少学时：4 学时。

知识点：C51 语言与汇编语言的区别，C51 基本语法结构及编程技巧，运用 C51 语言编写单片机应用程序。

基本要求：

理解 C51 语言与汇编语言的区别；

掌握 C51 基本语法结构及编程技巧；

熟练地运用 C51 语言编写单片机应用程序。

7）单片机并行接口设计

最少学时：4 学时。

知识点：并行接口设计的原理，可编程并行 I/O 接口芯片 8255A，键盘、显示器及 A/D、D/A 转换电路的原理及编程应用。

基本要求：

理解并行接口设计的原理；

掌握可编程并行 I/O 接口芯片 8255A 的使用；

掌握键盘、显示器及 A/D、D/A 转换电路的原理及编程应用。

8）51 典型串行接口设计

最少学时：4 学时。

知识点：串行接口总线设计的原理，SPI、RS485 及 I2C 总线的原理及编程应用。

基本要求：

了解串行接口总线设计的原理；

掌握 SPI、RS485 及 I2C 总线的原理及编程应用。

9）常用模块与应用实例设计

最少学时：4 学时。

知识点：应用系统的设计流程，常用模块的设计思路及应用，经典模块的设计原理及应用。

基本要求：

了解应用系统的设计流程；

理解常用模块的设计思路及应用；

掌握经典模块的设计原理及应用。

10. 电磁场与电磁波(55 学时)

本课程是通信、电子、信息类专业的一门专业基础课,对于专业课和基础课有着承前启后的意义。这门课程主要使学生掌握电场、磁场、时变电磁场、电磁波的基本原理、分析与计算方法,不仅能为后续专业课程的学习打下广泛扎实的基础,而且更能使学生获得在今后科学技术实践中自学和创新的潜力。

先修课程:矢量分析与场论、大学物理、数理方程等

后续课程:工程光学、光纤通信、激光原理

1)矢量分析

最少学时:4 学时。

知识点:标量、矢量场;通量、环流、旋度、散度、梯度。

基本要求:

了解标量、矢量场的基本定义及表示方法;

理解矢量线、等值线的意义,通量与环流的物理意义,亥姆霍兹(Helmholtz)定理的含义;

掌握通量、环流、旋度、散度、梯度的计算方法。

2)电磁场中的基本物理量和基本实验定律

最少学时:6 学时。

知识点:电流与电流密度;电流连续性方程、电场强度、库仑定律;安培(Ampere)力定律、磁感应强度的物理意义。

基本要求:

了解电荷与电荷分布、电流与电流密度的基本定义及表示方法;

理解电流连续性方程、电场强度、库仑定律的意义,安培力定律、磁感应强度的物理意义;

掌握电场强度、磁感应强度的定义计算方法及矢量积分公式。

3)静电场分析

最少学时:8 学时。

知识点:导体系统的电容电场能量,静电力的基本定义及表示方法;静电场、泊松(Poisson)方程、拉普拉斯(Laplace)方程;高斯定律、极化强度、介质中的边界条件,恒定电场的基本方程及边界条件的计算方法。

基本要求:

了解电位函数,导体系统的电容电场能量,静电力的基本定义及表示方法;

理解真空中静电场、泊松方程、拉普拉斯方程的基本方程,格林定理、唯一性定理、电介质的极化的物理意义;

掌握高斯定律、极化强度、介质中的边界条件,恒定电场的基本方程及边界条件的计算方法。

4)静态场边值问题的解法

最少学时:4 学时。

知识点：静态场边值；分离变量法；直角坐标中的分离变量法、镜像法的分析计算。

基本要求：

了解静态场边值问题的物理意义以及边值问题的数值计算方法；

理解静态场边值问题的分离变量法；

掌握直角坐标中的分离变量法、镜像法的分析计算。

5）恒定磁场分析

最少学时：8 学时。

知识点：基本变量；磁偶极子、矢量磁位、标量磁位、磁化现象、磁场能量、磁场力；磁介质中的磁场的基本方程。

基本要求：

了解恒定磁场分析的基本变量的定义及表示方法；

理解磁偶极子、矢量磁位、标量磁位、磁化现象、磁场能量、磁场力的物理意义；

掌握磁介质中的磁场的基本方程，恒定磁场、磁化强度、磁场的边界条件、电感的计算方法。

6）时变电磁场

最少学时：8 学时。

知识点：时变电磁场的基本含义；动态矢量位和标量位；法拉第电磁感应定律、位移电流、坡印廷（Poynting）定理、波动方程、时变电磁场的边界条件的物理意义；利用麦克斯韦方程分析时变电磁场的计算方法和波印廷矢量的计算。

基本要求：

了解时变电磁场的基本含义及动态矢量位和标量位；

理解法拉第电磁感应定律、位移电流、坡印廷定理、波动方程、时变电磁场的边界条件的物理意义；

掌握利用麦克斯韦方程分析时变电磁场的计算方法和波印廷矢量的计算。

7）正弦平面电磁波

最少学时：5 学时。

知识点：亥姆霍兹方程、相速和群速；波的极化特性、均匀平面波、平均坡印廷矢量、平面分界面的垂直入射和斜面入射；均匀平面波各类参数的计算方法，极化特性的判定方法。

基本要求：

了解亥姆霍兹方程、相速和群速的基本定义及表示方法；

理解波的极化特性、均匀平面波、平均坡印廷矢量、对平面分界面的垂直入射和斜面入射的物理意义与简单分析；

掌握均匀平面波各类参数的计算方法，极化特性的判定方法。

8）导行电磁波

最少学时：1 学时。

知识点：导行电磁波；均匀导波传播；矩形、圆波导的传输特性。

基本要求：

了解导行电磁波的基本定义及表示方法；

理解沿均匀导波装置传播的波的一般特性；

掌握矩形、圆波导中波的传输特性。

9）电磁波的辐射

最少学时：1学时。

知识点：电磁波的辐射的基本原理。

基本要求：

了解电磁波的辐射的基本原理；

理解电偶极子的辐射波的一般特性。

11．工程光学（64学时）

本课程内容主要包括经典光学理论和现代光学基础。经典光学理论主要包括：光的干涉、衍射、偏振、吸收、色散、散射。现代光学基础包括：光的辐射、光的波粒二象性、薄膜光学、傅立叶光学、全息术。本课程的任务是：掌握光学的基本概念和基本原理以及研究问题的方法，培养学生分析问题和解决问题的能力，提高学生的科学素质，为学生掌握新技术、学习技术基础课和专业课打下良好的基础。

先修课程：大学物理学，电磁场与电磁波

后续课程：光信息处理、激光原理

1）几何光学的基本定律

最少学时：4学时。

知识点：光源与光线；同心光束与球面波；光的可逆性原理；光程；费马（Fermat）原理。

基本要求：

理解光源与光线，同心光束与球面波，几何光学的三定律等概念；

掌握光的可逆性原理，光程，费马原理等概念及计算方法。

2）几何光学的成像理论

最少学时：8学时。

知识点：理想光学系统；薄透镜的物与像的计算；近轴成像及其适用条件；像差及其分类。

基本要求：

理解理想光学系统的特点；

掌握近轴成像及其适用条件、像差的概念及分类；

薄透镜的物与像的计算。

3）光学仪器

最少学时：10学时。

知识点：光阑；眼睛的光学特点及机理；放大镜、显微镜、望远镜及照相机的放大率的计算；常用光学仪器的基本构造和使用方法。

基本要求：

理解光栅、眼睛的光学特点及机理；

掌握放大镜、显微镜、望远镜、照相机的放大率的计算；

掌握常用光学仪器的基本构造和使用方法。

4）光度学

最少学时：4 学时。

知识点：光通量；发光强度；光亮度；光照度；光出射度。

基本要求：

理解光通量、发光强度、光亮度、光照度、光出射度等概念；

掌握光度学中的单位定义。

5）光的干涉

最少学时：7 学时。

知识点：干涉的原理和基本条件；空间相干性和时间相干性；干涉仪的基本原理及应用。

基本要求：

理解干涉的原理和基本条件；

理解空间相干性和时间相干性的特点；

理解干涉仪的基本原理、物理功能及实际技术应用。

6）光的衍射

最少学时：7 学时。

知识点：惠更斯-菲涅耳原理；衍射的条件和特点；菲涅耳衍射和夫琅禾费衍射的特征与区别；分辨本领和瑞利判据；光栅衍射方程。

基本要求：

理解惠更斯-菲涅耳原理及其物理意义；

理解菲涅耳衍射和夫琅禾费衍射的区别与特征；

掌握衍射的条件和特点；

掌握分辨本领和瑞利判据的物理意义；

掌握光栅衍射方程并能够分析计算。

7）光的偏振

最少学时：7 学时。

知识点：光的偏振；旋光现象；偏振仪工作原理；光的双折射现象。

基本要求：

理解偏振的概念；

理解偏振仪和旋光现象的物理机理；

掌握双折射现象的物理分析。

8）光的吸收、色散和散射

最少学时：6 学时。

知识点：光的吸收；光的色散；光的散射。

基本要求：

理解吸收、色散和散射的物理分析。

9）光的辐射

最少学时：5学时。

知识点：热辐射和光辐射；基尔霍夫定律；绝对黑体；普朗克（Planck）的量子公式。

基本要求：

了解热辐射和光辐射的现象及其微观机理和特性；

理解基尔霍夫定律和绝对黑体的定义及其物理意义；

理解普朗克的量子假说及公式的物理意义。

10）光子和波粒二象性

最少学时：5学时。

知识点：爱因斯坦公式；康普顿效应；波粒二象性。

基本要求：

理解康普顿效应和波粒二象性的物理意义；

掌握爱因斯坦公式的物理意义。

11）薄膜光学

最少学时：4学时。

知识点：介质膜的光学性质。

基本要求：

掌握介质膜的光学性质。

12）傅立叶光学

最少学时：5学时。

知识点：阿贝（Abbe）成像的原理；空间频率。

基本要求：

理解阿贝成像的原理及其物理意义；

掌握空间频率的概念及其物理解释。

13）全息术

最少学时：5学时。

知识点：全息实验装置；波前干涉；全息术原理和特点。

基本要求：

了解全息的典型实验装置和应用实例；

掌握波前的概念；

理解全息术原理、特点和要求。

12. 量子力学（60学时）

量子力学是物理学中的四大力学之一，介绍微观粒子（分子、原子、原子核、粒子等）运动规律的理论。本课程的主要内容有：波函数和薛定谔方程、量子力学中的力学量、态与力学量的表象、微扰理论、散射、电子自旋与全同粒子共六部分。本课程的任务是：通过教学，学生能系统地掌握量子力学的基本原理(五大假定)和基本概念，建立起科学的思维方式，培养和提高分析和解决问题的能力，为以后的学习和工作打下良好的基础。

先修课程：高等数学、普通物理学

后续课程：半导体物理学、激光原理与技术、红外物理技术

1) 绪论

最少学时：4 学时。

知识点：光的波粒二象性；原子结构的玻尔理论；微粒的波粒二象性。

基本要求：

了解量子物理学发展简史，量子力学的研究对象及其特点；

掌握微观粒子的波粒二象性。

2) 波函数和薛定谔方程

最少学时：14 学时。

知识点：波函数的统计解释；态迭加原理；薛定谔方程；粒子流密度和粒子数守恒定律；定态薛定谔方程；一维无限深势阱；线性谐振子。

基本要求：

掌握波函数的物理意义，薛定谔方程建立的过程及简单的应用。

3) 量子学中的力学量

最少学时：10 学时。

知识点：动量算符角动量算符；电子在库仑场中的运动；氢原子；厄密算符本征函数的互交性；算符与力学量的关系；算符的关系，两力学量同时有确定值的条件，不确定性关系；力学量平均值随时间的变化，守恒定律。

基本要求：

掌握量子力学中的力学量用算符表示的基本原理；

掌握氢原子问题的求解方法。

4) 态和力学量表象

最少学时：8 学时。

知识点：态的表象；算符的短阵表示；量子力学公式的矩阵表述；么正变换；狄拉克符号；线性谐振子与占有数表象。

基本要求：

了解狄拉克(Dirac)符号；

理解表象变换理论；

掌握态力学量、量子力中心公式在各种表象中的表述方式。

5) 微扰理论

最少学时：10 学时。

知识点：非并定态微扰理论；简并情况下的微扰理论；氢原子的一级斯塔克(Stark)效应；变分法；氦原子基态(变分法)；与时间有关的微扰理论；跃迁概率；光的发射和吸收；选择定则。

基本要求：

了解变分法；

理解含时微扰论及其应用；

掌握定态微扰理论的基本思想和使用条件。

6）散射

最少学时：6学时。

知识点：碰撞过程、散射截面；有心力场中的弹性散射（分波法）；方形势阱与势垒所产生的散射；玻恩（Born）近似；质心坐标系与实验室坐标系。

基本要求：

了解散射过程的描述方法及散射问题的求解方法。

7）自旋与全同粒子

最少学时：8学时。

知识点：电子自旋；电子自旋算符和自旋函数；简单塞曼效应；两个角动量的耦合；光谱的精细结构；全同粒子的特性；全同粒子体系的波函数、泡利原理；两个电子的自旋函数；氢原子（微扰法）。

基本要求：

掌握电子自旋假设的内容和角动量耦合理论；

掌握全同性原理和全同粒子体系的波函数。

13. 半导体物理学（64学时）

该课程主要研究半导体中载流子的产生、分布、运动以及相关物理效应，内容包括半导体的晶格结构、半导体中的电子状态、杂质和缺陷能级、载流子的统计分布、非平衡载流子及其运动规律、P-N结、金属与半导体接触、表面与MIS结构、半导体的光学性质和光电与发光现象、半导体的热电效应、半导体的压阻现象等。

先修课程：量子力学、固体物理

后续课程：半导体光电子器件

1）半导体中的电子状态

最少学时：6学时。

知识点：半导体的晶格结构；III-IV族化合物的能带结构；半导体的结合性质；本征半导体的导电机构；硅和锗的能带结构；半导体中电子运动和有效质量。

基本要求：

了解半导体的晶格结构和结合性质、回旋共振和III-IV族化合物的能带结构；

理解半导体中的电子状态和能带、硅和锗的能带结构，以及本征半导体的导电机构；

掌握半导体中电子运动和有效质量。

2）半导体中杂质和缺陷能级

最少学时：4学时。

知识点：III-VI族化合物中的杂质能级；硅、锗晶体中的杂质能级；缺陷、位错能级。

基本要求：

了解Ⅲ-Ⅴ族化合物中的杂质能级；

理解硅、锗晶体中的杂质能级；

掌握缺陷、位错能级。

3）半导体中载流子的统计分布

最少学时：10 学时。

知识点：简并半导体；状态密度；费米（Fermi）能级；半导体的载流子分布。

基本要求：

了解简并半导体；

理解状态密度、费米能级；

掌握本征半导体、杂质半导体和一般半导体的载流子分布。

4）半导体的导电性

最少学时：6 学时。

知识点：波耳兹曼（Boltzmann）方程；电导率的统计理论；多能谷散射和耿氏（Gunn）效应；载流子的漂移运动和迁移率；载流子的散射；迁移率与杂质浓度和温度的关系；电阻率与杂质浓度、温度的关系。

基本要求：

了解波耳兹曼方程、电导率的统计理论、强电场下的效应和热载流子以及多能谷散射和耿氏效应。

理解载流子的漂移运动和迁移率及载流子的散射。

掌握迁移率与杂质浓度和温度的关系及电阻率及其与杂质浓度和温度的关系。

5）非平衡载流子

最少学时：12 学时。

知识点：陷阱效应；载流子的扩散运动和漂移运动；爱因斯坦关系式；连续性方程；非平衡载流子的注入与复合；非平衡载流子的寿命；准费米能级和复合理论。

基本要求：

了解陷阱效应、载流子的扩散运动、载流子的漂移运动和爱因斯坦关系式及连续性方程；

理解非平衡载流子的注入与复合及非平衡载流子的寿命；

掌握准费米能级和复合理论。

6）P-N 结

最少学时：8 学时。

知识点：隧道效应；电流-电压特性；结电容；P-N 结能带图。

基本要求：

了解 P-N 结隧道效应；

理解 P-N 结电流电压特性、P-N 结电容、P-N 结击穿；

掌握 P-N 结及其能带图。

7）金属和半导体接触

最少学时：4 学时。

知识点：金属半导体接触；M－S接触的能级图；金属半导体接触整流理论；少数载流子的注入；欧姆接触。

基本要求：

了解金属半导体接触及其能级图；

理解并掌握金属半导体接触整流理论及少数载流子的注入和欧姆接触。

8）半导体表面与 MIS 结构

最少学时：6 学时。

知识点：表面态及表面电场效应；MIS 结构的电容-电压特性；硅-二氧化硅系统的性质；表面电导及迁移率；表面电场对结特性的影响。

基本要求：

了解表面态及表面电场效应；

理解 MIS 结构的电容-电压特性、硅-二氧化硅系统的性质；

掌握表面电导及迁移率和表面电场对结特性的影响。

9）半导体的光学性质和光电与发光现象

最少学时：4 学时。

知识点：半导体的光学常数；半导体的光电导；半导体的光生伏特效应；半导体发光。

基本要求：

了解半导体的光学常数及光吸收和光电导；

了解半导体的光生伏特效应；

了解半导体发光和半导体激光器原理。

14. 激光原理与技术（64 学时）

该课程主要研究激光的产生、传输及其特性控制的基本原理和技术，内容包括激光的基本原理、开放式谐振腔与高斯光束理论、电磁场与物质共振相互作用的速率方程理论和半经典理论、激光振荡特性、激光放大特性、激光器特性的控制和改善、激光振荡的半经典理论、典型激光器等。

先修课程：量子力学、半导体物理学、电磁波与电磁场等

后续课程：激光器件与应用，半导体光电子器件

1）激光的基本原理

最少学时：6 学时。

知识点：光子简并度的概念；受激辐射的概念；激光振荡的阈值条件；光的受激辐射放大的条件及增益系数的意义；光学谐振腔的作用和增益饱和现象；激光的基本特性。

基本要求：

了解光子简并度的概念及激光的基本特性；

理解光学谐振腔的作用和增益饱和现象；

掌握受激辐射的概念及激光振荡的阈值条件；

掌握实现光的受激辐射放大的条件及增益系数的意义。

2）开放式光腔与高斯光束

最少学时：18 学时。

知识点：光腔理论；共轴球面腔的稳定性；开放模式的衍射理论分析方法；平行平面腔模的迭代法；方形镜共焦腔的自再现模；方形镜共焦腔的行波场；圆形镜共焦腔的自再现模和行波场；一般稳定球面腔的模式特征；高斯光束的基本性质及特征参数；高斯光束 q 参数的变换规律；高斯光束的聚焦和准直；高斯光束的自再现变换与稳定球面腔；光束衍射倍率因子；非稳腔的几何自再现波形；非稳腔的几何放大率及自再现波形的能量损耗。

基本要求：

了解损耗与腔的特性参数的关系；

理解一般稳定腔与共焦腔的等价关系，模与腔的一般联系；

掌握光学谐振腔的稳定性条件及损耗概念；

掌握方形镜共焦腔的模式特征；

掌握高斯光束参数的变换规律。

3）电磁场和物质的共振相互作用

最少学时：8 学时。

知识点：谱线加宽的线形函数描述；典型激光器的速率方程；均匀加宽工作物质的增益系数；非均匀加宽工作物质的增益系数；综合加宽工作物质的增益系数。

基本要求：

了解综合加宽工作物质的增益系数；

理解均匀加宽和非均匀加宽工作物质的增益系数；

掌握谱线加宽的线形函数描述；

掌握典型激光器的速率方程。

4）激光振荡特性

最少学时：6 学时。

知识点：激光振荡阈值；激光器的振荡模式；激光器的输出功率与能量；弛豫振荡；激光器的线宽极限；激光器的频率牵引。

基本要求：

了解激光器的频率牵引现象；

理解激光器的弛豫振荡及线宽极限；

掌握激光振荡阈值条件。

5）激光放大特性

最少学时：8 学时。

知识点：光放大器的分类；激光放大器的增益特性；光放大器的自发辐射；光放大器的噪声。

基本要求：

了解光放大器的分类；

理解光放大器的自发辐射及噪声；

掌握激光放大器的增益特性。

6）激光器特性的控制和改善

最少学时：8学时。

知识点：模式选择的原理；模式选择的方法；稳频原理和方法；Q调制原理和方法；模式锁定的原理和方法；锁模的方法及应用。

基本要求：

了解锁模的方法及应用；

理解模式锁定的原理和方法；

理解稳频原理和方法；

掌握Q调制原理和方法；

掌握模式选择的原理和方法。

7）典型激光器

最少学时：4学时。

知识点：固体激光器；气体激光器；染料激光器。

基本要求：

了解激光器的基本构成；

理解激光器的工作原理；

掌握激光器实现粒子数反转分布的方法。

15. 激光器件与应用（45学时）

该课程内容主要包括气体放电的基本知识，原子气体激光器、分子气体激光器、离子气体激光器、固体激光器、半导体激光器的工作原理、工作特性、输出特性和典型激光器的设计方法以及其他类型的激光器件等。

先修课程：原子物理学、激光原理与技术

后续课程：半导体光电子器件

1）气体激光器的放电激励基础

最少学时：4学时。

知识点：气体放电的基本过程；直流连续放电伏安特性；气体放电中的选择激发过程；其他气体放电方式；其他激励方式。

基本要求：

了解其他气体放电方式和其他激励方式；

理解气体放电中的选择激发过程；

掌握气体放电的基本过程和直流连续放电伏-安特性。

2）原子激光器

最少学时：10学时。

知识点：氦氖激光器的工作原理；氦氖激光器的输出特性；氦氖激光器的稳频方法；氦氖激光器的设计；其他形式的氦氖激光器；其他形式的原子激光器。

基本要求：

掌握氦氖激光器的工作原理、工作特性和输出特性；

理解氦氖激光器的稳频方法和基本的设计方法；

了解其他形式的氦氖激光器和其他形式的原子激光器。

3）分子激光器

最少学时：14 学时。

知识点：普通型二氧化碳激光器；二氧化碳激光器的频谱、选支稳频；流动型二氧化碳激光器；横向激励高气压二氧化碳激光器；气动二氧化碳激光器；准分子激光器；光泵远红外分子激光器；氮分子激光器。

基本要求：

了解其他形式的二氧化碳激光器和其他形式的分子激光器；

理解二氧化碳激光器的稳频、选支方法和基本的设计方法；

掌握二氧化碳激光器的工作原理、工作特性和输出特性。

4）离子激光器

最少学时：4 学时。

知识点：氩离子激光器；氦镉离子激光器；其他离子激光器。

基本要求：

了解其他离子激光器；

理解氦镉离子激光器、氩离子激光器的工作原理、工作特性和输出特性。

5）固体激光工作物质的性质

最少学时：2 学时。

知识点：固体激光工作物质的基本要求；红宝石晶体；掺钕钇铝石榴石晶体；钕玻璃；其他固体激光工作物质。

基本要求：

了解钕玻璃及其他固体激光工作物质；

理解红宝石晶体和掺钕钇铝石榴石晶体的光学性质；

掌握固体激光工作物质的基本要求。

6）光泵浦系统

最少学时：2 学时。

知识点：泵浦光光源；光源的供电系统；聚光腔。

基本要求：

了解光泵浦系统的种类和方法。

7）激光器的热效应及散热

最少学时：2 学时。

知识点：激光棒的热效应；激光器的冷却。

基本要求：

了解固体激光器的热效应的补偿方法；

掌握固体激光器的热效应产生的物理因素。

8）固体激光器光学谐振腔

最少学时：4 学时。

知识点：光学谐振腔的模参数；类透镜介质对激光束的变换；热稳腔。

基本要求：

了解热稳腔的设计方法。

9）固体激光器输出特性

最少学时：4 学时。

知识点：激光器阈值工作特性；增益饱和；激光器的循环效率；激光器的输入-输出功率计算方法。

基本要求：

了解激光器的输入-输出功率计算方法；

掌握激光器阈值工作特性。

10）半导体激光器工作原理

最少学时：2 学时。

知识点：半导体的能带结构；P－N结的能带结构；注入式同质结半导体激光器的工作原理。

基本要求：

理解同质结与异质结能带结构；

掌握注入式同质结半导体激光器的工作原理。

11）半导体激光器的输出特性

最少学时：2 学时。

知识点：半导体激光器的结构和特性；输出功率和转换效率；光谱特性；激光模式与光束发散角。

基本要求：

了解半导体激光器的结构；

理解半导体激光器的转换效率；

掌握半导体激光器的输出特性。

12）异质结半导体激光器

最少学时：2 学时。

知识点：异质结的能带结构；异质结的主要性质；单异质结激光器；双异质结(DH)激光器；量子阱半导体激光器；应变量子阱激光器。

基本要求：

了解量子阱、应变量子半导体激光器的工作特性；

理解异质结的能带结构；

掌握双异质结(DH)激光器的工作特性。

13）其他类型的半导体激光器

最少学时：2 学时。

知识点：分布反馈(Distributed Feedback)半导体激光器；可调谐半导体激光器；垂直腔表面发射激光器(VCSEL)；

基本要求：

了解其他类型的半导体激光器的工作特性。

16. 光电检测技术 (45 学时)

本课程主要研究光电检测技术原理、方法和光电检测系统的结构和设计，内容包括光电检测技术基础、光电检测器件、热电检测器件、光源与光电耦合器件、光电信号检测电路设计、光电信号的数据采集与微机接口、光电信号的变换和检测技术、光电信号的变换形式与检测方法以及光电检测技术的典型应用等。

先修课程：数字电子技术、模拟电子技术、工程光学

1) 光电检测技术基础

最少学时：2 学时。

知识点：辐射度量、光度量；光电导效应；光生伏特效应；光电发射效应。

基本要求：

了解光辐射度量、光谱辐射度量和光度量的概念；

理解光电导效应、光生伏特效应、光电发射效应的物理机制。

2) 光电检测器件

最少学时：6 学时。

知识点：光电检测器件的性能；光电管；光电倍增管；光电检测器件性能比较。

基本要求：

了解光电检测器件的基本性能参数；

理解光电管、光电倍增管、半导体光电检测器件的工作原理和特性；

掌握光电倍增管工作电路参数的计算、各种光电检测器件的优缺点。

3) 热电检测器件

最少学时：6 学时。

知识点：热电检测器件的性能；热电探测器件的工作原理；热电探测器件的典型应用电路。

基本要求：

了解热电检测器件的基本原理和性能参数；

理解热电偶、热电堆、热敏电阻、热释电探测器件的工作原理；

掌握热敏电阻典型电路的参数计算。

4) 光源与光电耦合器件

最少学时：4 学时。

知识点：光源选择的基本要求、分类；光源的结构和工作原理；光电耦合器的结构和工作原理；LED、LD 的典型应用电路。

基本要求：

了解光源选择的基本要求、分类和特性参数；

理解光源与光电耦合器的结构和工作原理；

掌握 LED、LD 的典型应用电路的计算。

5）光电信号检测电路设计

最少学时：8学时。

知识点：缓变光信号与交变光信号；恒流偏置与恒压偏置；噪声等效处理；放大器噪声系数；放大器的 En-In 模型；低噪声前置放大器。

基本要求：

了解缓变光信号、交变光信号、恒流偏置、恒压偏置、噪声等效处理、放大器噪声系数的概念；

理解图解计算法、解析计算法、光电池的工作状态、放大器的 En-In 模型、光电信号的放大电路；

掌握缓变光信号、交变光信号检测电路的静态、动态参数计算和噪声估算，前置放大器的低噪声设计。

6）光电信号的数据采集与微机接口

最少学时：6学时。

知识点：信号二值化处理方法；CCD 的工作原理；采样保持电路；CCD 数据采集电路。

基本要求：

了解二值化处理、数据采集、单元信号、视频信号、CCD 检测的概念；

理解视频信号微分法和比较法处理电路、采样保持电路、CCD 数据采集电路工作原理；

掌握信号二值化处理方法、CCD 检测实时机械运动原理及信号处理方法。

7）光电信号的变换和检测技术

最少学时：5学时。

知识点：直接检测和调制检测；直读法和指零法；差动法和比较法；相敏检波；像分析。

基本要求：

了解单通道测量、双通道测量、指零法、差动法、波数测量、相敏检波、几何中心、亮度中心、像分析的概念；

理解单通道系统的直读法和指零法原理、双通道系统的差动法和比较法原理、相敏检波原理、双通道差分调制式像分析器的工作原理；

掌握时变信号的直接检测和调制检测的方法和实现。

8）光电信号的变换形式与检测方法

最少学时：6学时。

知识点：直接检测；差频检测；光电干涉测量技术；电子细分；光电编码。

基本要求：

了解光电变换的基本形式、光电干涉测量技术、差频检测、光电编码的概念；

理解光扫描测量原理、条纹比较法测波长原理、差频检测测长和测角原理、脉冲辨向、移相电阻链细分原理；

掌握典型光电测长方法、干涉条纹处理方法、移相方法。

9）光电检测技术的典型应用

最少学时：2 学时。

知识点：锁相放大器；取样积分器；光子计数器；光电测距；光电测角；光电准直。

基本要求：

了解光电准直、光电测距、光电测角原理及系统组成；

理解锁相放大器、取样积分器、光子计数器及光子计数系统工作原理。

17．光信息处理（45 学时）

本课程主要通过傅立叶变换研究光的传输理论和技术，内容包括线性系统理论和傅立叶变换、标量衍射理论、光学系统的傅立叶变换性质、相干光学处理理论和技术、非相干光学处理理论和技术、全息术及彩虹全息的理论和应用等。

先修课程：工程数学、普通物理学、工程光学等

后续课程：光信息技术及应用

1）二维线性系统分析

最少学时：4 学时。

知识点：线性系统；脉冲响应；二维傅立叶变换；空间带宽积。

基本要求：

了解线性系统、脉冲响应、二维傅立叶变换、空间带宽积的概念；

理解二维傅立叶变换的性质、二维线性不变系统的传递函数、惠特克-香农（Whittaker - Shannon）抽样定理；

掌握常见函数的傅立叶变换、函数的抽样与复原。

2）标量衍射的角谱衍射

最少学时：4 学时。

知识点：空间频率；角谱；傍轴近似；分数傅立叶变换。

基本要求：

了解空间频率、傍轴近似、角谱、分数傅立叶变换的概念；

理解球面波与平面波的复振幅表示、角谱的传播、平面波角谱的衍射；

掌握夫琅禾费衍射的角谱分析方法。

3）光学成像系统的频率特性

最少学时：7 学时。

知识点：衍射受限系统；相干传递函数；光学传递函数；透镜的傅立叶变换性质；衍射受限系统的成像规律。

基本要求：

了解透镜的孔径效应、衍射受限系统、相干传递函数、光学传递函数、截止频率的概念；

理解透镜的相位变换和傅立叶变换性质、衍射受限系统的脉冲响应、相干照明下的成像规律；

掌握相干传递函数和光学传递函数的计算。

4）光全息术

最少学时：6 学时。

知识点：全息记录与再现；基元全息图；菲涅耳全息图；全息图衍射效率；计算全息图的制作与再现；体积全息的记录与再现。

基本要求：

了解全息术的发展、基元全息图、全息图的分类、菲涅耳全息图、全息图衍射效率的概念，全息记录介质；

理解线模糊与色模糊的概念、透射体全息和反射体全息的概念、迂回相位编码原理、计算全息图的制作；

掌握全息术原理，菲涅耳全息、傅立叶变换全息、像全息、相位全息、体积全息的记录与再现原理，典型全息图衍射效率的计算。

5）空间光调制器

最少学时：6 学时。

知识点：光寻址与电寻址；空间光调制器的基本性能参数；液晶光阀的结构与工作原理；其他空间光调制器的结构与工作原理。

基本要求：

了解空间光调制器、光寻址、电寻址、液晶光阀、电光效应与电光调制的概念；

理解各种空间光调制器的基本性能参数；

掌握光寻址和电寻址液晶光阀的结构与工作原理、各种常用空间光调制器的结构与工作原理。

6）光学信息处理技术

最少学时：8 学时。

知识点：4f 系统；空间滤波；阿贝成像理论；相衬显微；空间滤波的傅立叶分析；光学信息处理系统。

基本要求：

了解光学信息处理、4f 系统、空间滤波器的概念；

理解阿贝成像理论、空间频率滤波系统工作原理、相衬显微镜工作原理；

掌握阿贝-波特实验的原理及结果、空间滤波的傅立叶分析方法、相干和非相干光学信息处理系统的结构与工作原理。

7）图像的全息显示

最少学时：6 学时。

知识点：彩虹全息；合成全息；数字像素全息；彩虹全息图记录的一步法和两步法；真彩色全息。

基本要求：

了解彩虹全息图的概念、合成全息技术、色串扰、数字像素全息、全息电影；

理解线全息图消色模糊原理、彩虹全息图的像质、全息图的复制；

掌握彩虹全息图记录的一步法和两步法、彩色彩虹全息图的制备。

8) 光学三维传感

最少学时：4 学时。

知识点：主动三维传感；相位测量剖面术；傅立叶变换剖面术；调制度测量轮廓术；三维传感系统的基本组成。

基本要求：

了解主动三维传感、相位测量剖面术、傅立叶变换剖面术、调制度测量轮廓术的概念；

理解三维传感系统的基本组成、相位测量剖面术的原理、傅立叶变换剖面术的原理、调制度测量轮廓术的原理；

掌握采用单光束的三维传感的原理、采用激光片光的三维传感原理。

18. 光纤通信(45 学时)

光纤通信课程是电子科学与技术专业的一门专业课。本课程的教学目的是使学生全面系统地了解光纤通信系统的构成及其特性。课程以强度调制/直接检测光纤通信方式为主线，全面论述了光纤通信的基本原理与基本知识(包括光波导传输、光电器件、光通信系统、光通信网络及光纤测量)，同时对光纤通信的新技术进行了介绍。光纤通信课程的主要内容包括七部分：绪论；光纤和光缆；光源及光检测器；光发射机和光接收机；数字光纤通信系统设计和性能；光纤通信系统中的测量；光纤通信新技术。

先修课程：概率论、通信原理、电磁场与电磁波

1) 概论

最少学时：4 学时。

知识点：光纤通信的发展历史和发展现状；光纤通信的优点和应用；光纤通信系统的基本组成。

基本要求：

了解光纤通信的发展历史和发展现状，了解光纤通信的优点和应用；

掌握光纤通信系统的基本组成。

2) 光纤和光缆

最少学时：10 学时。

知识点：光纤和光缆的结构和分类；光纤的传输原理及传输特性；单模光纤的主模模式及单模传输条件。

基本要求：

了解光纤和光缆的结构和分类；

理解光纤的传输原理及传输特性；

掌握单模光纤的主模模式及单模传输条件。

3) 通信用光器件

最少学时：8 学时。

知识点：光与物质相互作用的基本过程；光源和光检测器的工作原理及主要特性；光纤连接器；定向耦合器；光衰减器。

基本要求：

了解光与物质相互作用时存在的三个基本过程；

理解光源和光检测器的工作原理及主要特性；

掌握几种常用通信用光无源器件（包括：光纤连接器、定向耦合器、光衰减器等）。

4）光端机

最少学时：6 学时。

知识点：光源的调制方式；光发射机的基本组成、工作原理；光接收机的基本组成、工作原理。

基本要求：

理解光源的调制方式，光发射机/光接收机的基本组成、工作原理；

掌握光发射机/光接收机的主要性能指标。

5）数字光纤通信系统

最少学时：10 学时。

知识点：SDH 的基本概念和主要特点；数字光纤通信网络；数字光纤通信系统的设计。

基本要求：

了解数字同步体系（SDH）的基本概念和主要特点，了解数字光纤通信网络的基本概念，了解数字光纤通信系统的设计；

理解光纤通信系统的性能指标；

掌握数字光纤通信系统的设计（中继距离的计算）。

6）模拟光纤通信系统

最少学时：2 学时。

知识点：副载波复用（SCM）光纤通信系统。

基本要求：

了解副载波复用（SCM）光纤通信系统。

7）光纤通信新技术

最少学时：3 学时。

知识点：掺铒光纤放大器的工作原理、特性及应用；光波分复用技术；相干光通信及光孤子通信。

基本要求：

了解掺铒光纤放大器的工作原理、特性及应用；了解光波分复用技术；了解相干光通信及光孤子通信技术。

8）光纤通信网络

最少学时：2 学时。

知识点：通信网的发展趋势；SDH 传送网、WDM 光网络、光接入网。

基本要求：

了解通信网的发展趋势，了解 SDH 传送网、WDM 光网络、光接入网。

19. 光电成像原理（45 学时）

本课程主要研究光电成像技术原理、方法，以及光电成像系统的物理结构、工作原理、工作特性和主要特性参数，内容包括电成像原理的产生及发展、直视型电真空成像原理、辐射图像的光电转换、电子图像的成像理论、电子图像的发光显示、光学图像的传像与电子图像的倍增、电视型电真空成像原理、光电导摄像原理、光电发射型的摄像原理和电荷耦合原理等。

先修课程：大学物理学、半导体物理学、工程光学

后续课程：显示技术

1）绪论

最少学时：2学时。

知识点：光电成像原理的产生及发展；光电成像器件的类型；光电成像器件的特性。

基本要求：

了解光电成像原理的产生及发展，并对光电成像的作用有所了解；

掌握光电成像器件的类型及特性。

2）直视型电真空成像原理

最少学时：4学时。

知识点：像管成像的物理过程；像管的类型与结构；像管的特性与参数。

基本要求：

了解像管成像的物理过程；

掌握像管的类型与结构、主要特性与参数。

3）辐射图像的光电转换

最少学时：4学时。

知识点：光电发射；典型实用光阴极的特性与参数；光电发射的极限电流密度。

基本要求：

了解光电发射的物理模型；

掌握典型实用光阴极的特性与参数，并能分析光电发射的极限电流密度。

4）电子图像的成像理论

最少学时：4学时。

知识点：电子光学基本方程；典型的电子光学系统的原理及误差消除；典型的电子透镜的结构特性和常用的参数。

基本要求：

掌握电子光学的基本方程，以及带电粒子在静电场中的运动；

掌握典型的电子光学系统的原理及消除各种误差的方法；

掌握典型的电子透镜的结构特性和常用的参数。

5）电子图像的发光显示

最少学时：2学时。

知识点：荧光屏的发光理论；荧光屏的构成；荧光层发光机理。

基本要求：

了解荧光屏的发光理论；

掌握荧光屏的构成及典型的荧光层发光机理。

6) 光学图像的传像与电子图像的倍增

最少学时：4 学时。

知识点：光学纤维面板的传像原理；光学纤维面板的性能参数；微通道板的构成及特性。

基本要求：

掌握光学纤维面板的传像原理与性能参数；

掌握微通道板的构成及物理特性。

7) 电视型电真空成像原理

最少学时：5 学时。

知识点：摄像管的主要特性参数；电视摄像的基本原理；摄像管的基本原理与分类。

基本要求：

了解摄像管的主要特性参数；

掌握电视摄像的基本原理与摄像管的基本原理与分类。

8) 光电导摄像原理

最少学时：6 学时。

知识点：光电导靶的原理与结构；光电导视像管的特性参数。

基本要求：

掌握各种光电导靶的原理与结构；

掌握一定的光电导视像管的参数。

9) 光电发射型的摄像原理

最少学时：6 学时。

知识点：超正析摄像管；二次电子导电摄像管；电子轰击硅靶摄像管。

基本要求：

掌握超正析摄像管、二次电子导电摄像管、电子轰击硅靶摄像管的原理、结构及参数。

10) 电荷耦合原理

最少学时：6 学时。

知识点：CCD 的现状；CCD 的工作原理、结构和性能；电荷耦合摄像器件的原理与结构；微光、红外电荷耦合器件。

基本要求：

了解 CCD 的现状与其他的固态摄像器件的结构、原理及性能等；

掌握 CCD 的物理基础、工作原理和结构，并对 CCD 的物理性能有所了解；

掌握电荷耦合摄像器件的原理与结构，了解其特性；

掌握微光、红外电荷耦合器件的原理与结构。

20. 半导体光电子器件(32 学时)

本课程是电子科学与技术、光信息科学与技术本科专业的专业课程，主要内容包括光电子技术的发展，光电子技术理论和应用基础，半导体光电子材料和器件工作原理，半导体激光器、探测器、光波导器件、光电子集成的结构和特性以及外延生长、微细加工等制造技术，半导体光电子技术在光通信、光盘存储、光纤传感、激光加工以及医疗、军事等方面的应用。本课程的学习能为学生胜任信息光电子技术和产业的研究与应用工作奠定基础。

先修课程：半导体物理学、半导体器件。

1）绪论

最少学时：2 学时。

知识点：半导体光电子技术的发展史；信息时代的支柱——光电子技术；半导体光电子技术的应用和发展趋势。

基本要求：

了解半导体光电子技术的由来和发展趋势。

2）半导体光电材料

最少学时：2 学时。

知识点：光波和光子；半导体光电子材料；异质结的能带结构；半导体材料的折射率；异质结的特性。

基本要求：

了解半导体光电子材料的种类和性质。

3）半导体光电子技术基础

最少学时：2 学时。

知识点：半导体中的光发射；半导体中的光吸收；阈值条件；介质波导。

基本要求：

了解半导体光电子器件基本工作原理。

4）半导体发光二极管

最少学时：2 学时。

知识点：发光二极管的基本结构；超辐射发光二极管；发光二极管组件。

基本要求：

了解发光二极管的分类、材料、基本结构；

了解发光二极管的基本特征、组件。

5）半导体激光器

最少学时：6 学时。

知识点：激光二极管的基本结构；分布反馈（DFB）激光器、分布布拉格反射（DBR）激光器；量子阱激光器；可见光激光器和大功率激光器；半导体激光二极管的特性。

基本要求：

了解半导体激光器的分类、基本结构；

了解分布反馈（DFB）激光器、分布布拉格反射（DBR）激光器的工作原理；

了解量子阱激光器的工作原理；

了解可见光激光器和大功率激光器；

了解半导体激光二极管的特性；

6）光电探测器、光电池和 CCD

最少学时：4 学时。

知识点：光电探测器的工作原理；光电探测器的结构与性能；光电池；CCD 摄像器件。

基本要求：

了解光电探测器的分类、工作原理、结构、性能；

了解光电池、CCD 摄像器件。

7）半导体光波导器件

最少学时：4 学时。

知识点：光波导；硅基光波导；光波导耦合器；光开关。

基本要求：

了解半导体光波导器件的工作原理。

8）半导体光电子集成

最少学时：2 学时。

知识点：半导体激光器阵列；光电探测器阵列；激光器同电子器件、光电子器件的集成。

基本要求：

了解半导体光电子器件的集成。

9）半导体光电子器件的制造技术

最少学时：2 学时。

知识点：半导体光电子器件的制造工艺流程；外延生长技术；微细加工技术；干法刻蚀技术；光纤耦合技术。

基本要求：

了解半导体光电子器件的制造工艺流程；

了解半导体光电子器件的制造技术。

10）光纤通信

最少学时：2 学时。

知识点：光纤和光缆；光纤通信系统；多路复用光通信；光通信系统和半导体光电子技术。

基本要求：

了解光纤通信的发展史和概况、光纤通信系统的构成。

11）光盘存储、光纤传感及其他

最少学时：2 学时。

知识点：光盘存储；光纤传感；半导体光电子器件的其他应用。

基本要求：

了解半导体光电子器件的应用。

21．现代显示技术(32 学时)

该课程主要包括显示技术的发光理论基础及显示器件的性能参数，各种类型的显示器件系统的内部结构、发光机理、工作原理、工作特性和实际应用，如阴极射线管显示、液晶显示、注入式电致发光显示、高场电致发光显示、等离子显示、激光显示、LED 显示、平视显示、大屏幕显示等，以及显示技术的发展趋势及方向。

先修课程：工程光学，电子技术、半导体物理学、激光原理与技术、光电成像原理等。

1）概论

最少学时：2 学时。

知识点：显示器件分类方式；显示系统的主要性能指标。

基本要求：

掌握显示技术的基本概念、显示器件分类方式及系统的主要性能指标。

2）阴极射线致发光显示

最少学时：6 学时。

知识点：阴极射线致发光显示的发光机理；典型的阴极射线致发光体的能带模型；彩色重现的原理及基本色度系统；显像管的内部结构与发光原理。

基本要求：

了解阴极射线致发光显示的发光机理及典型的阴极射线致发光体的能带模型理论；

掌握彩色重现的原理及基本色度系统规定；

掌握显像管的内部结构与发光原理。

3）液晶显示

最少学时：6 学时。

知识点：液晶显示器件的制造工艺；液晶材料的物理性质；液晶显示器的工作特性及驱动方式。

基本要求：

了解液晶显示器件的典型制造工艺；

掌握液晶材料的物理性质与显示技术的关系；

掌握液晶显示器的工作特性及其驱动方式。

4）注入电致发光显示

最少学时：4 学时。

知识点：注入式电致发光的原理；注入式电致发光器件的结构、特性及驱动。

基本要求：

掌握注入式电致发光的原理及典型的注入式电致发光器件的结构、特性、驱动及应用。

5）高场电致发光显示

最少学时：4 学时。

知识点：高场薄膜电致发光的实现与器件的驱动；高场交流电致发光的机理与器件的结构；高场直流电致发光的机理与器件的结构。

基本要求：

理解高场薄膜电致发光的现实与器件的驱动方法；

掌握高场交流、直流电致发光的机理与器件的结构。

6）等离子显示

最少学时：4 学时。

知识点：等离子显示的特点及应用；气体放电的物理基础及特性；交流、直流、彩色等离子显示的原理及结构。

基本要求：

了解等离子显示的特点及应用；

掌握气体放电的物理基础及特性；

掌握交流、直流、彩色等离子显示的原理及结构。

7）激光显示

最少学时：2 学时。

知识点：激光显示系统的组成和特点；激光显示系统的原理；激光的彩色显示与声光显示。

基本要求：

了解激光显示系统的组成和特点；

理解激光显示系统的原理及器件的原理；

掌握激光的彩色显示与声光显示的理论。

8）大屏幕显示

最少学时：2 学时。

知识点：典型大屏幕显示系统的原理及组成；大屏幕显示的参数。

基本要求：

了解各种大屏幕显示系统；

掌握大屏幕显示的标志和要求。

22. 光纤传感技术（45 学时）

主要内容包括光纤的基本理论和特性，光纤传感器用光源和探测器，光调制技术，检测各种物理量的光纤传感器工作原理和实用感测系统，最后介绍光纤传感技术的最新进展。

先修课程：大学物理学、电磁场与电磁波、工程光学、光电检测技术等

1）光纤波导理论

最少学时：4 学时。

知识点：光纤的结构和分类；光纤模式理论；光纤的光线理论。

基本要求：

了解光纤的结构和分类、特殊光纤；

理解阶跃光纤和梯度光纤的模式理论；

掌握阶跃光纤和梯度光纤的光线理论。

2）光纤模式耦合理论

最少学时：4 学时。

知识点：幅度耦合方程及其微扰解；功率耦合方程及其稳态解；耦合系数；光纤的脉冲响应；光纤的周期畸变。

基本要求：

了解幅度耦合方程及其微扰解、功率耦合方程及其稳态解；

理解阶跃光纤耦合系数、光纤的周期畸变、多模光纤波导的脉冲响应。

3）光纤的基本特性

最少学时：6 学时。

知识点：光纤的特性；单模光纤的偏振与双折射；梯度光纤和阶跃光纤的色散。

基本要求：

了解单模光纤，光纤的色散、损耗、非线性及理化特性；

理解单模光纤的偏振与双折射、梯度光纤和阶跃光纤的色散机理。

4）光纤传感器用光源

最少学时：4 学时。

知识点：光纤用光源的结构、性质及分类；LED、LD、氦氖激光器的工作特性。

基本要求：

了解典型光源的结构、性质及分类；

理解发光二极管、半导体激光器、氦氖激光器的工作原理及特性。

5）光纤传感器用光电探测器

最少学时：4 学时。

知识点：光探测器的分类和特性参数；半导体光电二极管的结构与工作原理；光电三极管的结构与工作原理；光探测器的典型应用。

基本要求：

了解光电效应，光探测器的原理、分类和特性参数；

理解半导体光电二极管、光电池、光电三极管、光电倍增管的结构与工作原理；

掌握典型光探测器的应用技术。

6）光纤传感器中的光调制技术

最少学时：6 学时。

知识点：光纤多普勒（Doppler）测速；光纤频率调制探测；光纤强度调制；光纤相位调制；光纤偏振调制；分布式光纤传感。

基本要求：

了解微弯效应、普克尔（Pockel）效应、二次电光效应、磁致旋光效应、光弹效应、光学多普勒效应；

理解光纤多普勒测速原理、光纤频率调制探测原理、光纤波长调制传感原理、分布式光纤传感原理；

掌握光纤强度调制技术、光纤相位调制技术、光纤偏振调制技术。

7）热工参数测量光纤传感器

最少学时：4 学时。

知识点：光纤流量流速传感器；光纤温度传感器；光纤压力传感器。

基本要求：

了解光纤流量流速传感器的工作原理；

理解光纤温度传感器、光纤压力传感器的工作原理；

掌握光纤温度传感器、光纤压力传感器的应用技术。

8）电磁参数测量光纤传感器

最少学时：4学时。

知识点：光纤电流传感；光纤电压（电场）传感；光纤磁场传感；电磁参数测量光纤传感器的应用。

基本要求：

了解光纤电流、电压传感器的分类，光纤测量磁场的基本方法；

理解光纤电流传感器、光纤电压电场传感器及光纤磁场传感器的基本工作原理；

掌握电磁参数测量光纤传感器的应用技术。

9）机械量测量光纤传感器

最少学时：2学时。

知识点：光纤振动传感器；光纤位移传感器；光纤测速度加速度传感器；机械量测量光纤传感器的应用。

基本要求：

了解光纤振动传感器的基本原理与应用；

理解光纤位移传感器、光纤测速度加速度传感器的结构与工作原理；

掌握光纤位移传感器、光纤测速度加速度传感器的应用技术。

10）温度测量光纤传感器

最少学时：3学时。

知识点：光纤温度传感器的分类；干涉型光纤温度传感技术；光波长分布光纤传感技术；光纤红外辐射温度计；半导体吸收式光纤传感器测温技术。

基本要求：

了解光纤温度传感器的分类、干涉型光纤温度传感器及其检测技术、光波长分布光纤传感技术、液体组元光纤温度检测技术；

理解光纤红外辐射温度计基本工作原理、半导体吸收式光纤传感器测温原理。

11）其他光纤传感器

最少学时：2学时。

知识点：医用光纤传感器；大气污染监测光纤传感器系统；光纤陀螺仪。

基本要求：

了解监测大气污染的光纤传感器系统、医用光纤传感器系统；

理解光纤陀螺仪测角工作原理。

12）光纤传感技术的发展概况及展望

最少学时：2学时。

知识点：光纤传感技术与应用系统的发展。

基本要求：

了解光纤传感器及光纤传感技术与应用系统的发展。

23. CCD 器件及应用（32 学时）

CCD 器件及应用是电子科学与技术专业的一门专业选修课，CCD -电荷耦合器是 20 世纪 70 年代初发展起来的新型半导体集成光电器件，建立了以一维势阱模型为基础的非稳态 CCD 理论。近 30 年来，CCD 器件及其应用技术的研究取得了惊人的进展，特别是在图像传感和非接触测量领域的发展更为迅速。目前，CCD 应用技术已成为集光学、电子学、精密机械与计算机技术为一体的综合性技术，在现代光子学、光电检测技术和现代测试技术领域中成果累累，方兴未艾。

CCD 器件及应用的主要内容包括光电技术基础，CCD 的基本工作原理、特性、典型器件分析，CCD 与计算机接口技术，CCD 基本应用实例等主要技术及理论问题。

先修课程：工程光学、光电成像原理

1）光电技术基础

最少学时：2 学时。

知识点：光的度量；物体热辐射；辐射度参量和光度参量的关系；半导体对光的吸收。

基本要求：

掌握辐射度量参数和光度量参数的关系，以及物体热辐射的规律。

2）光源

最少学时：2 学时。

知识点：自然光源；人工光源 CCD 应用系统中光源和照明度的匹配、光源的结构与工作原理。

基本要求：

掌握光源的特性以及 CCD 应用系统中光源和照明度的匹配问题。

3）CCD 的基本工作原理

最少学时：2 学时。

知识点：电荷存储；电荷耦合；CCD 的电极结构 CCD 摄像器件的工作原理；电荷的注入和检测；CCD 的特性参数；电荷耦合摄像器件。

基本要求：

了解 CCD 摄像器件的原理与工作方式；

掌握 CCD 的基本工作原理：电荷存储、耦合等过程；

掌握 CCD 电极的结构与特性参数。

4）典型线阵 CCD 及其驱动器

最少学时：4 学时。

知识点：用于尺寸测量的线阵 CCD；用于光谱探测的线阵 CCD；高速检测应用中的线阵 CCD；用于彩色图像采集的线阵 CCD；环形线阵 CCD。

基本要求：

了解线阵 CCD 测量的尺寸、光谱探测及彩色图像采集等的应用方式。

5）典型面阵 CCD

最少学时：4 学时。

知识点：DL32 型面阵 CCD；TCD5130AC 面阵 CCD；TCD5309AD 面阵 CCD；IA－D2 型面阵 CCD；特种面阵 CCD；面阵 CCD 摄像器件的特性；面阵 CCD 的电荷积累时间与电子快门；MTV－2821CB 摄像机。

基本要求：

了解各种不同的面阵 CCD，掌握面阵 CCD 摄像器件的特性。

6）CCD 彩色摄像机概述

最少学时：2 学时。

知识点：三管 CCD 彩色摄像机；两管式 CCD 彩色摄像机；单管 CCD 彩色摄像机；典型单片彩色 CCD；彩色数码照相机简介。

基本要求：

了解彩色数码照相机的结构、原理；

掌握三管、两管式及单管 CCD 彩色摄像机与单片彩色 CCD 的结构、原理。

7）CCD 视频信号处理与计算机数据采集

最少学时：2 学时。

知识点：CCD 视频信号的二值化处理；CCD 视频信号的量化处理；线阵 CCD 输出信号的 A/D 数据采集与接口；面阵 CCD 的数据采集与计算机接口。

基本要求：

了解 CCD 视频信号的二值化与量化处理；

了解线阵 CCD、面阵 CCD 输出信号的 A/D 数据采集与计算机接口。

8）CCD 应用中的光学系统

最少学时：6 学时。

知识点：光学系统成像基本计算公式；光学元件的成像特性；光学系统中光阑的作用；常用光电图像转换系统的成像特性；照明系统；远心光路在 CCD 动态测试中的应用；面阵 CCD 摄像机光学镜头的类型及其参数；线阵 CCD 常用的物镜。

基本要求：

了解线阵 CCD 常用的物镜，面阵 CCD 摄像机光学镜头的类型与参数；

了解光学元件的成像特性、光阑的作用；

掌握光学系统成像的基本计算。

9）CCD 应用实例

最少学时：4 学时。

知识点：CCD 用于一维尺寸的测量；CCD 用于二维位置的测量；线阵 CCD 的拼接技术在尺寸测量中的应用；CCD 用于平板位置的检测；CCD 用于轨道振动的非接触测量。

基本要求：

了解 CCD 用于参数的测量的方法与测量的原理、结构以及数据的处理方法。

10）特种 CCD 图像传感器

最少学时：2 学时。

知识点：微光 CCD 图像传感器；红外 CCD 图像传感器；X 光 CCD 图像传感器。

基本要求：

了解微光、红外、X 光 CCD 图像传感器的原理、结构与参数。

24. 红外物理技术（45 学时）

本课程是电子科学与技术专业的一门专业选修课，主要研究红外辐射的产生、传输及与物质的相互作用，内容包括辐射度量学基础、热辐射的基本规律、黑体型辐射源的理论分析、红外辐射在大气中的传输特性、红外技术，以及与红外辐射的传输、探测有关的一些现象的机理、特性和规律。

先修课程：普通物理学、半导体物理学、量子力学等

1）辐射度量学基础

最少学时：12 学时。

知识点：基本辐射量；郎伯（Lambert）余弦定律；小面源的辐射特性。

基本要求：

了解基本辐射量；

掌握郎伯余弦定律和小面源的辐射特性；

掌握度量中的几个基本规律。

2）热辐射的基本规律

最少学时：10 学时。

知识点：普朗克黑体辐射；辐射效率与辐射对比度；基尔霍夫定律；维恩（Wien）位移定律；黑体辐射的计算。

基本要求：

了解普朗克公式；

理解发射率和实体辐射；

理解辐射效率和辐射对比度；

掌握基尔霍夫定律、维恩位移定律；

掌握黑体辐射的简易计算方法。

3）红外辐射源

最少学时：8 学时。

知识点：黑体型辐射源；背景的红外辐射；目标的红外辐射；黑体型辐射源的分析。

基本要求：

了解黑体型辐射源；

了解背景和目标的红外辐射；

理解黑体型辐射源的理论分析。

4）红外辐射在大气中的传输

最少学时：8 学时。

知识点：地球大气的组成；地球大气对红外辐射传输的影响；地球大气的基本参数。

基本要求：

了解大气的组成及其对红外辐射传输的影响；

掌握地球大气的基本参数。

5）红外技术

最少学时：7 学时。

知识点：红外辐射计及其定标；红外探测器的分类；红外探测器的性能指标；斩光器的结构与原理；红外系统作用距离；辐射测温原理及辐射测温仪。

基本要求：

了解红外辐射计及其定标；了解红外探测器的分类；了解斩光器的结构与原理；

理解红外系统作用距离的普通方程；理解辐射测温原理及辐射测温仪的主要参数；

掌握红外探测器的唯象理论及性能指标。

第3章　电子科学与技术专业实践教学环节

3.1　电子科学与技术专业实践教学的目的

前已指出，电子科学与技术专业是一门高新技术交叉学科，主要从事光电子技术、激光技术、光通信技术、计算机应用与信息技术等方面的基础理论和应用的研究，具有很强的实践性。从实践中学习会有更好的效果，所以，相关高校应该大力加强电子科学与技术专业的实践教学。

从宏观的角度看，实践教学有着更为重要的意义。从本质上讲，现代大学的教学是对高深学问的探究，它绝不仅仅是理论教学，而应该是理论教学、实践教学和科学研究的三元一体。因此，实践教学绝不仅仅是理论教学的附属品，只是为验证理论而存在，相反，实践有着比理论更高的品质和价值。它既是现有理论的源头，又是未来发明的源泉，它至少应具有与理论教学同样的重要性。而且，从培养学生的实践能力和创新精神来看，创新首先必须基于实践，它比理论教学更为有效。所以，大学的人才培养方案除了应有明确的理论教学体系外，还应有明确的实践教学体系，有明确的指导思想、系统的构想和整体优化的设计。

现代大学的实践教学体系具有多样化、综合性、分层次、重创新的特点。所谓多样化，是指实践的形式多种多样，包括各种实验、实习、课程设计、大型作业、毕业设计、社会实践、科研实践、竞赛及创新活动等。所谓综合性，是指实践的内容从单一性到更加注重综合性。所谓分层次，体现在从低年级到高年级应当循序渐进，由认识性、验证性实践开始，逐步增加设计性、开放性和综合性。重创新的含义和意义当无需多言。

电子科学与技术专业实践教学的建设以教育思想和教育观念的转变为先导，以高等工程教育和学科发展的趋势为指导，树立素质教育观、终生学习观和大工程观，以国际大环境为背景，加快高等工程教育的国际化、信息化进程；树立"以学生为本"的实践教学观念，摆脱简单的知识传授、验证理论课程内容的传统模式，以引导学生自主学习，培养学生综合运用知识、系统设计和实践创新能力为目标，建立包含实践课程体系、教学模式、教学内容、教学方法、教学条件、教学管理、教学考核等内容的实践教学体系，为学生的实践和创新创造良好的外部环境。

在组织形式上，学校应成立面向全校的模电、数电基础实验中心和专业实验室，选拔既有丰富的教学经验和较强的实践能力，又有改革创新意识的教授、高级工程师做负责人，以一批教师和流动研究生助教为骨干，并发动广大任课教师，共同推动实践教学的完善。在具体做法上，以模电、数电基础实验系列实践教学模块和课外创新活动为载体，以开放和学生自主实践为主要教学模式，以电子技术、计算机技术、EDA 技术为主要工具，以软硬件教学环境建设为基础，通过基础实验、验证实验、综合设计实验、研究创新实验等不同层次的实验，提高学生的知识综合应用能力、系统设计能力和创新能力。

3.2 电子科学与技术专业实践教学体系

电子科学与技术专业实践教学体系由通识教育实践教学、学科基础教育实践教学和专业教育实践教学等组成，包括课内和课外实践课程。

在课内，电子科学与技术专业实践课程体系在内容和要求上注重与理论课程的衔接、呼应和配合。各课程相互衔接，从通识教育课、学科基础教育课到专业教育课，逐步提升；在知识结构上由点及面再到系统；在取材上力求做到先进、新颖、实用，理论联系实际，以合适的方式展示电子科学与技术专业领域的新技术，反映电子信息时代对学生知识结构和能力的要求，注重加强系统观念的培养和系统设计方法的训练；在实验层次上，使基础实验、验证实验、综合设计实验、研究创新实验合理搭配，并逐步提高设计性实验和综合性实验的比重。这有利于培养学生的系统设计与实现能力，促进个性发展，提升创新意识和创新能力，发现和培养创新人才。

在课外，电子科学与技术专业以模电、数电基础实验中心为实践教学的基础，成立学生的创新实践基地。利用开放实验室的资源开展形式灵活多样的创新实践，如实验设计竞赛、趣味项目设计、项目设计方案宣讲、学生创新成果展示、学生创新创意竞赛、学生科学训练项目、电子设计竞赛等系列化制度化的活动，激发学生的兴趣，充分发挥学生的创造力、想象力和主观能动性，培养学生的知识应用能力、信息获取和选择能力，逐步培养学生的创新精神和创新能力。

1. 通识教育实践教学

电子科学与技术专业通识教育实践教学由入学教育、军事理论、军事训练、就业指导、毕业教育、形势与政策教育、公益劳动、考风教育、假期社会调查、学术报告、学术论文阅读与写作、科技竞赛、体育达标、文艺报告与阅读、文体竞赛、学科竞赛、党团教育、勤工助学、社会工作、社团活动、驾驶技术等模块组成。

2. 学科基础教育实践教学

电子科学与技术专业学科基础教育实践教学由物理实验、两课实践教学、设计/综合性（物理实验）、模拟电子技术实验、数字电子技术实验、电子线路 CAD、微机原理与接口技术实验、电磁场与电磁波实验、工程光学实验、普通化学实验、计算机基本技能训练、英语翻译与写作、数学建模/数学实验等模块组成。

3. 专业教育实践教学

电子科学与技术专业的专业教育实践教学由电子技术设计性综合实验、激光原理与技术实验、光电检测技术实验、光纤通信实验、光信息处理实验、光电成像原理实验、现代显示技术实验、红外物理技术实验、光电电子线路实验、光电子专业综合实验、金工实习、电工电子设计、认识实习、生产实习、毕业实习、毕业设计、激光原理与技术课程设计、激光器件与应用课程设计、实验考核等模块组成。

3.3　电子科学与技术专业主要实践环节教学大纲

1. 电子科学与技术专业课内实践教学大纲

课内实验均为验证性实验，每个实验2学时。

1) 大学物理实验

大学物理实验名称及学时分配如表3-1所示。

表3-1　大学物理实验名称及学时分配

实验名称	计划学时	实验类别	教学大纲要求
误差与数据处理	2	基本	必开
游标卡尺和螺旋测微计的使用	1	基本	必开
机械能守恒定律的研究	3	基本	必开
杨氏弹性模量的测定	3	基本	必开
刚体转动惯量的测定	4.5	设计	必开
液体黏滞系数测定	1	基本	选开
模拟制冷系数测定	3	基本	选开
静电场描绘	3	基本	必开
电表的改装与校准	4.5	设计	必开
惠斯通电桥测电阻	3	基本	必开
用电位差计测未知电动势实验	3	基本	必开
用霍尔效应测磁场	3	综合	必开
磁聚焦法测电子荷质比	3	基本	必开
声速测定实验	3	综合	必开
用示波器显示李萨茹图形	3	基本	选开
干涉法测透镜的曲率半径	3	基本	必开
汞灯光波波长测定	3	基本	必开
单缝衍射的光强分布	3	基本	必开
偏振法测葡萄糖溶液的浓度	2	基本	选开
分光计测量玻璃折射率实验	3	基本	选开
利用光电效应测普朗克常数	3	基本	必开
迈克尔逊干涉实验	3	基本	必开
密立根油滴仪测量电子电荷	3	基本	必开
夫兰克林-赫兹实验	3	基本	选开
合计(必开)	54		

以下是一些主要实验的目的、内容和要求。

实验一　游标卡尺和螺旋测微计的使用

实验目的：掌握测量长度的基本方法；了解游标卡尺和螺旋测微计的结构和测量原理；通过游标卡尺和螺旋测微计的使用，加深对测量不确定度传递规律的理解。

实验内容：形状规则固体几何尺寸的测量；形状不规则固体体积的测量；液体密度的测量。

实验要求：利用测量数据，对测量结果的不确定度传递规律进行分析，并回答思考题。

实验二　杨氏弹性模量的测定

实验目的：掌握拉伸法测定钢丝杨氏弹性模量的方法；理解光杠杆测微原理；学会用逐差法、作图法处理数据。

实验内容：杨氏弹性模量仪调节；光杠杆测微调节；读数显微镜的调节。

实验要求：粗调、细调确定光杠杆、读数显微镜的正确使用，并回答思考题。

实验三　刚体转动惯量的测定

实验目的：用实验方法验证刚体转动定律，并测量其转动惯量；观察刚体转动惯量与质量分布的关系；学习作图的曲线改直法，并由作图法处理数据。

实验内容：调节刚体转动仪，使转轴垂直于水平面；观察刚体质量分布对转动惯量的影响。

实验要求：作图并求直线的斜率，并回答思考题。

实验四　模拟制冷系数测定

实验目的：培养理论与实际相结合的实际工作能力；学习电冰箱的制冷原理，加深对热学基本知识的理解；测量电冰箱的制冷系数。

实验内容：制冷系统构成及调节；改变加热功率，测量冷冻室平衡温度的变化。

实验要求：保持电源良好接地；加热器禁止干烧；压缩机连续两次启动间隔应在 5 分钟以上。

实验五　静电场描绘

实验目的：掌握模拟法测绘静电场分布的方法；理解不同电流周围静电场的分布特征。

实验内容：同轴电缆、平行载流导线、长直载流导线周围等势线和电场线的分布。

实验要求：在坐标纸上绘出等势线和电场线的分布，并回答思考题。

实验六　惠斯通电桥测电阻

实验目的：掌握惠斯通(Wheatstone)电桥的工作原理及电桥平衡条件；理解惠斯通电桥各种类型的结构，学会使用直流单臂电桥测量电阻。

实验内容：标准电阻，待测电阻，电桥平衡的调节。

实验要求：间歇通、断使用，避免电阻元器件发热。

实验七　用电位差计测未知电动势实验

实验目的：掌握电位差计测未知电动势的原理；了解电位差计的结构，学会用电位差计测未知电动势的方法。

实验内容：调节直流电位差计的工作电流；测量未知电动势。

实验要求：分别测量 0.57 V 和 1.53 V 两个挡位的电动势。

实验八　用霍尔效应测磁场

实验目的：掌握用霍尔(Hall)器件测长直螺线管磁场、线圈磁场的方法；了解霍尔效应实验原理以及相关器件。

实验内容：测量长直螺线管内轴线上的磁感应强度；测量线圈轴线上的磁感应强度。

实验要求：正确接线，分清极性，安全使用器件，并回答思考题。

实验九　磁聚焦法测电子荷质比

实验目的：理解电子在电场和磁场中的运动规律；了解电子束磁聚焦的基本原理，学会用磁聚焦法测电子荷质比的方法。

实验内容：调节电子荷质比实验仪；调节励磁电流到理想工作状态，记录数据。

实验要求：螺线管应南北放置，南高北低，聚光点尽量小且暗一些。

实验十　声速测定实验

实验目的：了解声速测量仪的结构和测量原理；了解压电陶瓷传感功能；学习共振干涉法、相位比较法和时差法测量声速。

实验内容：声速测量仪的调节；测定压电陶瓷换能器的最佳共振频率；用共振干涉法、相位比较法测量波长。

实验要求：灵活使用示波器、低频信号发生器和数字频率计，并回答思考题。

实验十一　用示波器显示李萨茹图形

实验目的：掌握运用示波器显示李萨茹(Lissajous)图形和测定交流电信号频率的方法；观测双通道同时工作时的李萨茹图。

实验内容：通用示波器的调节；低频信号发生器的调节；观测李萨茹图。

实验要求：使示波器、低频信号发生器挡位适当，并回答思考题。

实验十二　干涉法测透镜的曲率半径

实验目的：掌握干涉法测透镜曲率半径的方法；理解牛顿环的干涉原理；了解读数显微镜的结构和使用方法。

实验内容：调节牛顿环仪；调节读数显微镜，正确读数；逐差法处理数据。

实验要求：减小读数鼓轮回程误差，并回答思考题。

实验十三　汞灯光波波长测定

实验目的：掌握用光栅衍射测量汞灯光波波长的方法；了解分光仪的结构和使用方法。

实验内容：调整分光仪正常工作；测量衍射角。

实验要求：使光栅平面与望远镜光轴垂直，并回答思考题。

实验十四　单缝衍射的光强分布

实验目的：观察单缝衍射现象，深入理解衍射理论；测量单缝衍射的相对光强分布；学会用衍射法测量微小量。

实验内容：观察单缝衍射的光强分布；测量单缝衍射的相对光强分布；测量单缝宽度。

实验要求：对测量数据进行归一化处理，曲线要光滑，具有对称性。

实验十五　偏振法测葡萄糖溶液的浓度

实验目的：掌握旋光仪测葡萄糖溶液的浓度的方法；了解旋光仪的结构和工作原理。

实验内容：调节旋光仪正常工作；测量葡萄糖溶液的浓度。

实验要求：旋转度盘使读数处于视场中心；避免玻璃产生应力。

实验十六　分光计测量玻璃折射率实验

实验目的：掌握分光计的调整方法；掌握用三棱镜测定玻璃折射率的方法；了解分光计的结构。

实验内容：调节望远镜；调节游标度盘；调节平行光管。

实验要求：目视粗调要仔细。

实验十七　利用光电效应测普朗克常数

实验目的：理解光电管的伏安特性曲线；理解光的量子性；验证爱因斯坦光电效应方程，确定普朗克常数。

实验内容：调节普朗克常数实验仪；测量光电管的伏安特性曲线；数据处理。

实验要求：保持滤光片无污染，仪器充分预热，并回答思考题。

实验十八　迈克尔逊干涉实验

实验目的：观察等厚干涉和等倾干涉；掌握用迈克尔逊干涉仪测定氦氖激光波长的方法；了解迈克尔逊干涉仪的结构和工作原理。

实验内容：调节迈克尔逊干涉仪；观察等厚干涉和等倾干涉；用等倾干涉测定氦氖激光波长。

实验要求：眼睛不能直视激光；干涉条纹涌出和缩进要完整。

实验十九　密立根油滴仪测量电子电荷

实验目的：掌握密立根油滴仪的结构和使用方法；掌握密立根油滴仪测量电子电量；理解电荷的量子性。

实验内容：调节密立根油滴仪正常工作；测定油滴运动的距离。

实验要求：选择合适的油滴，以减小测量误差。

实验二十　夫兰克林-赫兹实验

实验目的：掌握氩原子第一激发电位的测量方法；理解夫兰克林-赫兹(Frank - Hertz)实验仪的工作原理；理解原子能级量子化概念。

实验内容：调节夫兰克林-赫兹实验仪正常工作；手动测量；示波器测量。

实验要求：仪器预热充分，调整波形最佳，并回答思考题。

2）电路分析实验

电路分析实验名称及学时分配如表 3-2 所示。

表 3-2　电路分析实验名称及学时分配

实 验 名 称	计划学时	教学大纲要求
线性与非线性元件的伏安特性测定	2	必开
基尔霍夫定律的验证	2	必开
叠加定理、戴维宁定理的验证	2	必开

实 验 名 称	计划学时	教学大纲要求
受控源特性的研究	2	必开
一阶电路实验	2	必开
二阶电路过渡过程实验	2	必开
交流电路参数的测定	2	选开/必开
串联谐振电路实验	2	必开
功率因数提高	2	必开
三相电路及功率的测量	2	选开/必开
合计	20	

实验一　线性与非线性元件的伏安特性测定

实验目的：学习数字万用表和晶体管直流稳压电源等设备的使用方法；掌握线性电阻元件、非线性电阻元件的伏安特性的测试技能；加深对线性电阻元件、非线性电阻元件伏安特性的理解。

实验内容：测量 200 Ω、2000 Ω、二极管和小灯泡的伏安特性。

实验要求：对所列元件逐个测试并根据测试数据绘制曲线，回答思考题。

实验二　基尔霍夫定律的验证

实验目的：通过实验验证基尔霍夫电流定律和电压定律，巩固所学理论知识；加深对参考方向概念的理解。

实验内容：测量两个回路电压和三条支路电流。

实验要求：两个电源输出值按需要调节准确，万用表按参考方向正确操作。

实验三　叠加定理、戴维宁定理的验证

实验目的：通过实验验证叠加定理；通过实验验证戴维宁（Thevenin）定理，加深对等效电路概念的理解。

实验内容：在两个电源分别作用和共同作用的情况下，测量电压和电流；将两个电源作用的电路用戴维宁定理等效，对其进行验证。

实验要求：电源输出调节正确，减少因电源输出偏差造成的误差。

实验四　受控源特性的研究

实验目的：通过实验加深对受控源概念的理解；通过对电压控制电压源（VCVS）和电压控制电流源（VCCS）的测试，加深对两种受控源的受控特性及负载特性的认识；通过实验熟悉运算放大器的使用。

实验内容：测试 VCVS 和 VCCS 的受控特性和各自的负载特性。

实验要求：控制系数线性度良好，检验负载特性负载在要求的范围。

实验五 一阶电路实验

实验目的：观察一阶电路的过渡过程，研究元件参数改变时对过渡过程的影响；学习脉冲信号发生器和示波器的使用方法。

实验内容：分别绘制 RC、RL 电路中各元件在脉冲信号激励下的过渡过程曲线。

实验要求：掌握示波器的使用，特别是屏幕横向纵向厘米格的意义。

实验六 二阶电路过渡过程实验

实验目的：观察 RLC 串联电路的过渡过程；了解二阶电路参数与过渡过程类型的关系；学习从波形中测量固有振荡周期和衰减系数的方法。

实验内容：观察 R 的变化对二阶电路过渡过程的影响，测量临界电阻和欠阻尼振荡的周期，根据实验数据计算衰减系数。

实验要求：从示波器上对欠阻尼振荡波形进行量化测量。

实验七 交流电路参数的测定

实验目的：学习用交流电流表、交流电压表和功率表测定交流电路中未知阻抗元件参数的方法；学习用三电压表法测量未知阻抗元件参数的方法；掌握功率表的使用。

实验内容：测量 40 W 镇流器的参数（内阻 R，电感量 L），将一个电容作为未知元件测量其参数。

实验要求：根据测量值计算和画图要仔细，把误差减少到最低值。

实验八 串联谐振电路实验

实验目的：测量 RLC 串联电路的谐振特性曲线，通过实验进一步掌握串联谐振的条件和特点；研究电路参数对谐振特性的影响。

实验内容：将正弦波激励信号和 RLC 串联电路中的电阻 R 上的电压信号接入示波器，观察频率变化时两波形相位、幅值变化，找出电路谐振点，并在谐振点左右各取 5~6 个点，测取对应频率的两信号幅值，根据测量数据绘制串联电路幅频特性曲线。

实验要求：熟练掌握示波器的使用，领会屏幕横向纵向厘米格的物理意义。

实验九 功率因数提高

实验目的：掌握日光灯电路的工作原理及电路连接方法；通过测量电路功率，进一步掌握功率表的使用方法；了解提高电路功率因数的意义。

实验内容：连接 40 W 日光灯电路，测量实际消耗的有功功率；给日光灯电路并联 4 μF 电容，对比接入电容之前和接入后电路总电流的变化。

实验要求：熟悉日光灯电路元器件组成，了解提高功率因数的实际意义。

实验十 三相电路及功率的测量

实验目的：学习三相电路中负载的星形和三角形连接方法；通过实验验证对称负载做星形和三角形连接时，负载的线电压 U_L 和相电压 U_P、负载的线电流 I_L 和相电流 I_P 之间的关系；了解不对称负载做星形连接时中线的作用；学习用三瓦特表法和二瓦特表法测量三相电功率。

实验内容：将三只灯泡每相一只，按负载星形连接，在四种情况下测取相关数据，并按二瓦计和三瓦计适用场合测量功率。

实验要求：改变电路和接入仪表测量电路时必须断开电源操作。

3）模拟电子技术实验

模拟电子技术实验名称及学时分配如表 3-3 所示。

表 3-3　模拟电子技术实验名称及学时分配

实 验 名 称	学时	教学大纲要求
常用电子仪器的原理与使用	2	必做
晶体二、三极管及电子元件的测试	2	必做
晶体管单级电压放大器	2	必做
多级电压放大器	2	必做
场效应管放大器	2	必做
功率放大器	2	选做
差动放大器	2	选做
负反馈放大器	2	必做
集成运放的基本应用	2	必做
RC 桥式正弦波振荡器设计	2	必做
集成运放的非线性应用	2	选做
直流稳压电源	2	选做
合计	24	

实验一　常用电子仪器的原理与使用

实验目的：了解并掌握实验常用仪器的基本原理与正确使用方法，能分析测量误差的来源，掌握减少误差的方法。

实验内容：用示波器观察交流正弦波、方波及三角波信号并计算频率与振幅；用晶体管毫伏表测量交流信号，正确判断幅值，用万用表测量直流信号。

实验要求：熟悉仪器、仪表各部分的作用与功能，正确使用测量仪器。

实验二　晶体二、三极管及电子元件的测试

实验目的：了解晶体管图示仪的基本工作原理，掌握用图示仪测量晶体管主要参数的方法；掌握用万用表测量二、三极管电极性的方法；熟悉各电阻、电容、电感等元器件的识别方法。

实验内容：利用图示仪测量晶体管特性，画出观察到的曲线；利用万用表判断二极管的极性、正反向电阻，三极管的类别、电极及放大能力，各电阻、电容的识别与测量。

实验要求：掌握晶体管图示仪及万用表对晶体管等电子元件的测量方法，判断各元件的基本性能与参数。

实验三　晶体管单级电压放大器

实验目的：学习如何设置放大器静态工作点及调整方法；掌握输入电阻输出电阻的测量方法；了解工作点对放大器的影响及负载变化对放大器的影响。

实验内容：对电路直流工作点的调整与测量；放大倍数的测量、动态范围的测量及工作点变化与负载变化的对放大倍数的影响；波形的绘制。

实验要求：对电路有正确的连接，测量记录实验数据及图形的完整绘制，进一步掌握仪器的使用方法。

实验四　多级电压放大器

实验目的：了解阻容耦合放大器的关系及电压增益的测量；掌握放大器输入、输出电阻的测量；掌握多级放大器频率的测量及影响因素。

实验内容：多级放大器工作点的测量及放大倍数的测量；多级放大器输入、输出电阻的测量；多级放大器的频率测量及幅频特性曲线的绘制。

实验要求：了解阻容式耦合电路的特点及电压增益概念；掌握放大器通频带的测量及输入、输出电阻的方法。

实验五　场效应管放大器

实验目的：了解结型场效应管可变电阻的特性，理解跨导的含义，掌握源极输出器及共源极输出器的电压放大倍数。

实验内容：放大器工作点的测量及放大倍数的测量；放大器输入、输出电阻的测量；放大器的频率测量及幅频特性曲线的绘制。

实验要求：了解场效应管的可变电阻区、恒流、击穿区、转移特性等概念，以及几种不同场效应管在使用中的要求。

实验六　功率放大器

实验目的：了解功率放大器的工作原理及特点，学习功放电路指标的测量方法；训练观察与解决问题的能力，了解分贝的含义。

实验内容：测量最大输出功率、直流电源功率、输出最大效率，防止交越失真，测出非线性失真度。

实验要求：理解交越失真的含义、功率放大器的效率，防止功放出现过热，避免布线不合理出现自激振荡。

实验七　差动放大器

实验目的：掌握差动放大器工作点的调节与测量，测量单端输入、双端输出共模放大倍数与共模抑制比。

实验内容：调节测量差动放大器的静态工作点，测量放大倍数，测出并计算共模抑制比，比较 U_i、U_{o1}、U_{o2} 的相位。

实验要求：了解差动放大器的单端输入、双端输出及差动输入双端输出的不同特点，抑制零点漂移的原理。

实验八　负反馈放大器

实验目的：验证负反馈对放大器性能、放大倍数、输入输出电阻和频率特性的影响，进一步掌握放大器频率测量的方法。

实验内容：测出无反馈时的电压增益与输入输出电阻、放大器频率特性；加入负反馈后再次测出无反馈时的电压增益与输入输出电阻、放大器频率特性；观察对非线性失真的改善作用，绘制两种电路频率曲线。

实验要求：了解反馈的概念及掌握负反馈对放大器的作用与影响，几种不同负反馈的特点。

实验九　集成运放的基本应用

实验目的：掌握集成运算放大器的正确使用方法；掌握常用单元电路的设计和调试方法；掌握由单元电路组成简单电子系统的方法及调试技术。

实验内容：设计加法电路；设计减法电路；积分时间常数已知时设计反向积分器；设计反向积分器。

实验要求：根据给定的条件，测量 RC 桥式正弦波振荡器输出波形的最大频率 f_{max} 及最小频率 f_{min}，在输出波形不失真的情况下，测量最大输出电压 U_{omax}，输出电压要求连续可调。

实验十　RC 桥式正弦波振荡器设计

实验目的：掌握用集成运算放大器构成 RC 桥式正弦波振荡器，以及电路中各项参数计算的基本方法，学会用示波器观察正弦波振荡器的周期及输出波形频率的计算方法。

实验内容：用集成运算放大器 LM324 及有关元器件构成 RC 桥式正弦波振荡器，根据实验的要求计算电路中各个元件的参数，连接电路，并进行测量。

实验要求：根据给定的条件设计电路，满足相应的关系式和输出要求，并观测输出是否满足设计要求。

实验十一　集成运放的非线性应用

实验目的：学习集成运放组成的正弦波、三角波、方波发生器，观测其信号的波形、幅度、频率及其关系。

实验内容：观测由运放组成的文氏电桥振荡器，掌握振荡器原理与基本条件，改变频率的原因，以及方波、三角波发生器的输出频率与相位关系。

实验要求：进一步熟悉变换电路的工作原理与参数计算及其电路的调试方法。

实验十二　直流稳压电源

实验目的：掌握串联型直流稳压电源的工作原理与方法，学习串联型直流稳压电源的技术指标与测量方法。

实验内容：观察整流与滤波后的电压与波形变化，测量电路中各点电压与稳压源输出电压的调节范围，测出稳压源电源的输出内阻与纹波电压。

实验要求：掌握串联型直流稳压电源各工作环节的作用与测量方法，以及电路中各器件的合理选择。

4）数字电子技术实验

数字电子技术实验名称及学时分配如表 3-4 所示。

表 3 - 4　数字电子技术实验名称及学时分配

实 验 名 称	学时	教学大纲要求
数字电路仪器使用	2	必做
基本门电路及功能的测试	2	必做
COMS 器件参数的测量	2	选做
组合逻辑电路的设计	2	必做
组合逻辑电路及应用	2	选做
触发器	2	必做
计数器设计及应用	2	必做
计数、译码和显示	2	必做
移位寄存器	2	必做
555 定时器及其应用	2	必做
随机存储器(RAM)	2	选做
D/A、A/D 转换电路	2	选做
合计	24	

实验一　数字电路仪器使用

实验目的：掌握数字电路实验箱各部分的功能及正确使用方法、集成芯片的连接测量方法与要求，以及示波器的正确使用。

实验内容：测出实验箱上各输出电压、信号的频率与幅值，注意集成芯片与之连接及插、拔的要求，各电源对器件输出的要求。

实验要求：学会测量脉冲信号的周期频率、上升沿时间及下降沿时间。

实验二　基本门电路及功能的测试

实验目的：熟悉了解 TTL 系列芯片的外形与引脚及其主要直流参数的测试方法，加深对各基本门的逻辑功能的认识。

实验内容：空载导通电流 I_{CCL}、空载截止电流 I_{CCH}、输入短路电流 I_{IS}、电压传输特性、扇出系数的测量，验证 74LS20 的逻辑功能。

实验要求：在实验中，要熟悉集成芯片与电路的连接原则和方法，各部分连接应保持良好。

实验三　CMOS 器件参数的测量

实验目的：熟悉 CMOS 电路的特点及其使用方法，理解 CMOS 门参数的测试原理，掌握 CMOS 门参数和逻辑功能的测试方法。

实验内容：输出高电平 V_{OH} 和输出低电平 V_{OL} 的测量；开门电平 V_{ON} 和关门电平 V_{OFF} 的

测量；了解输入阻抗和静态功耗；传输特性与传输延迟时间 T_{PD} 的测量。

实验要求：掌握并了解 CMOS 器件的使用特点与参数，能用基本组件组成一个简单的逻辑表达式。

实验四　组合逻辑电路的设计

实验目的：掌握组合逻辑电路的分析设计方法，熟悉组合电路的特点，用设计出的电路验证其逻辑功能。

实验内容：根据具体要求列出真值表，将其转换为对应的逻辑函数式，再根据所选用的器件，将函数式化简或变换，画出逻辑电路的连接图；设计一个检验输血者与受血者的血型符合规定时输出为 1 的电路；设计一个 2 - 4 线译码电路；设计一个带进位端的半加器电路，并构成电路检验其结果。

实验要求：需用指定的器件，并达到最简式的电路要求，根据题意列出真值表，画出卡诺图，写出表达式，给出逻辑电路，将结果测出。

实验五　组合逻辑电路及应用

实验目的：掌握 SSI 组合逻辑电路的设计流程和方法；掌握 SSI 组合逻辑电路的分析方法；能用基本的门电路芯片设计出符合要求的电路，并对其功能进行验证；了解排除组合逻辑电路故障的一般方法。

实验内容：利用提供的芯片完成设计，要求设计使用的芯片种类和数量最少；设计三个开关控制一盏灯；设计一个四人表决器；设计一个用电超载报警电路；设计一个水泵控制电路等。

实验要求：选择器件搭接实际电路，根据真值表依次改变输入变量，测试其输出状态是否与真值表一致，验证其逻辑功能；检测电路是否存在冒险现象，若存在且对后级电路产生影响，则采取相应措施对其进行消除。

实验六　触发器

实验目的：熟悉各类触发器的功能和特性，掌握并熟练地使用各类集成触发器，理解其存储功能。

实验内容：测试基本 RS 触发器、D 触发器、JK 触发器的逻辑功能，加深理解各状态的含义，熟悉各功能端的作用，判断各边沿触发器的翻转时间，观察波形，填出各真值表并验证逻辑关系。

实验要求：在基本 RS 触发器测试时，实验中注意其"不定"态；观察各输出波形时，实验中注意其分频关系与相位关系的比较。

实验七　计数器设计及应用

实验目的：掌握二进制计数与十进制计数的工作原理和使用方法，掌握计数器的调整与测试，掌握任意进制计数器的设计方法。

实验内容：将四位二进制计数器接成二—十进制异步计数器，观察其计数状态并填写真值表，然后用示波器逐步观察各端输出波形与八四二一码做出对应比较，并对任意进制计数器进行设计(如五、六进制)，并连接电路检验其结果，理解其分频关系。

实验要求：能将计数器设计为任意进制，掌握用双通道示波器观测多路信号的方法。

实验八　计数、译码和显示

实验目的：熟悉译码器、显示器的使用方法与要求，提高综合实验的技能，了解七段显示器，发光二极管与译码/驱动器的参数。

实验内容：将计数器连接成二—十进制，也可设计成其他进制，电路组合连接为计数、译码与显示电路，加入时钟脉冲，观测出全电路各部工作状态。

实验要求：测试六进制和十进制计数器的计数功能与译码器功能表，掌握共阴、共阳极数码管和七段译码/驱动器的使用要求。

实验九　移位寄存器

实验目的：掌握移位寄存器的工作原理及其应用，熟悉移位寄存器的逻辑功能以及实现各种移位寄存功能的方法。

实验内容：用 D 触发器（或 JK 触发器）或集成移位寄存器芯片，完成清零，左移或右移几组指定数码。利用串行或并行的方式让寄存器保存几组数值，并可取出。

实验要求：掌握并了解电路及集成芯片各端的作用、功能和使用；加深对其在数字控制装置中应用的理解。

实验十　555 定时器及其应用

实验目的：了解 555 定时器的结构和工作原理；学习用 555 定时器构成的多谐振荡器、单稳触发器，掌握用示波器测量 555 电路的脉冲幅度、周期和脉宽的方法。

实验内容：用 555 定时器构成多谐振荡器，观察其输入输出波形，测出振荡器频率与占空比，并改变参数进行分别观察，用 555 定时器构成单稳态触发器，测出其单稳态时间。

实验要求：掌握 555 振荡器的振荡周期和占空比的改变与哪些因素有关，确定单稳态触发器输出脉冲宽度和周期的因素。

实验十一　随机存储器（RAM）

实验目的：了解（RAM）随机存储器的组成与工作原理、功能及使用方法，学习使用模拟开关，了解其工作原理及功能。

实验内容：掌握 MOS 存储器的要求，连接电路，检验清零功能，编出地址码与输入数据，列出表格，逐一写入各组数据，将存储器置为"读"状态，读出并检验；断电检查数据是否能保存；增扩存储单元，并检验功能。

实验要求：了解双极性与 MOS 型存储器的不同。

实验十二　D/A、A/D 转换电路

实验目的：学习使用，了解数模转换原理，掌握其接线方法。

实验内容：掌握从数字量到模拟量的转换及将连续的模拟量转换成数字信号，将电路接为 D/A 或 A/D 转换电路，加入各编定值，加入连续时钟脉冲，观察其结果与波形，做出分析。

实验要求：了解双极性与 MOS 型存储器的不同。

5）微机原理与接口技术实验

（1）汇编语言程序设计。汇编语言程序设计实验名称及学时分配如表 3-5 所示。

表 3‑5　汇编语言程序设计实验名称及学时分配

实 验 名 称	计划学时	教学大纲要求
认知实验	2	必做
分支程序设计	2	必做
循环程序设计	2	必做
子程序设计	2	必做
音乐程序设计	2	必做
合计	10	

实验一　认知实验

实验目的：掌握常用 DOS 命令、DEBUG 常用命令、基本指令和伪指令。

实验内容：复习 DOS 命令（CD、DIR、DEL、RENAME、COPY）；复习 8088 指令（MOV、ADD、ADC、SUB、SBB、DAA、XCHG、INC、DEC、LOOP、IINT 3、INT 20H）；熟悉 DEBUG 命令（A、D、E、F、H、R、T、U、G、N、W、L 及 Q）；掌握 8088 寄存器（AX、BX、CX、DX、F、IP、SI、DI）；熟悉 8088 系统中数据在内存中的存放方式和内存操作数的几种寻址方式；熟悉 8088 汇编语言伪操作（BYTE PTR，WORD PTR）；熟悉求累加与程序和多字节加减法程序。

实验要求：熟练运用 DOS 常用命令进行文件操作；熟悉 DEBUG 的操作界面；能够进行 DEBUG 环境下的基本操作；理解 8088 指令的基本指令和伪指令操作意义和格式；完成实验报告。

实验二　分支程序设计

实验目的：掌握利用间接转移指令 JMP BX 实现多岔分支的方法；宏替换指令 MACRO 及 ENDM；符号扩展指令 CBW。

实验内容：分支程序设计。

实验要求：熟练掌握分支程序设计要点和难点；熟练运用宏汇编；完成实验报告。

实验三　循环程序设计

实验目的：掌握多重循环程序和排序程序设计方法；掌握带符号数的比较转移指令（JL、JLE、JG、JGE），伪指令 EQU 及操作符'＄'的使用；熟悉 COM 文件的要求和生成过程。

实验内容：多重循环程序。

实验要求：掌握多重循环程序和排序程序设计方法；掌握 COM 文件的生成；完成实验报告。

实验四　子程序设计

实验目的：掌握利用堆栈传递参数的子程序调用方法；掌握子程序递归调用方法；熟悉过程调用伪指令（PROC、ENDP、NEAR 和 FAR）；熟悉 8088 指令（CALL，RET，RET N）；能利用 RET 指令退出 EXE 文件的方法。

实验内容：利用堆栈传递参数的子程序调用（求累加和）；子程序递归调用（求阶乘）。

实验要求：能够独立设计子程序；掌握 EXE 文件的结构和设计方法；完成实验报告。

实验五　音乐程序设计

实验目的：掌握 PC 机发音原理及音乐程序编制方法；熟悉 8088 指令（IN，OUT，DIV，OR）。

实验内容：发音程序；音乐程序。

实验要求：灵活运用 BIOS 调用技术设计音乐程序；熟练掌握输入/输出指令。

（2）接口技术实验。接口技术实验名称及学时分配如表 3-6 所示。

表 3-6　接口技术实验名称及学时分配

实　验　名　称	计划学时	教学大纲要求
系统认识实验	2	必做
存储器扩展实验	2	必做
中断控制及 8259 应用编程实验	2	必做
并行接口应用实验	2	必做
定时器/计数器应用实验	2	必做
合计	10	

实验一　系统认识实验

实验目的：掌握 TDN86/88 教学系统的基本操作；了解 INT 10H 各功能块的用法。

实验二　存储器扩展实验

实验目的：熟悉 6264 静态 RAM 使用方法，掌握 PC 机扩充外存的手段；通过对硬件电路的分析，了解总线的工作时序。

实验内容：对指定地址的 RAM 区进行数据读写。

实验要求：完成实验后，收拾现场，分析总结，写出报告。

实验三　中断控制及 8259 应用编程实验

实验目的：掌握 8259 中断控制器的工作原理及应用编程；学习在接口实验单元上构造连接实验电路的方法。

实验内容：用微动开关作为中断申请信号使 8259A 产生中断，每中断一次在 CRT 上显示一串提示字符。

实验要求：完成实验后，收拾现场，分析总结，写出报告。

实验四　并行接口应用实验

实验目的：学习 255 的各种工作方式及其应用；掌握通过 8255A 并行口传输数据的方法。

实验内容：用 8255A 的 B 端口和 A 端口分别接开关和发光二极管，控制 8 个 LED 发光二极管的亮和灭。

实验要求：完成实验后，收拾现场，分析总结，写出报告。

实验五　定时器/计数器应用实验

实验目的：掌握 8259 中断控制器的工作原理及应用编程；学习在接口实验单元上构造连接实验电路的方法。

实验内容：用微动开关作为中断申请信号使 8259A 产生中断，每中断一次在 CRT 上显示一串提示字符。

实验要求：完成实验后，收拾现场，分析总结，写出报告。

6）电磁场与电磁波实验

电磁场与电磁波实验名称及学时分配如表 3-7 所示。

表 3-7　电磁场与电磁波实验名称及学时分配

实 验 名 称	计划学时	教学大纲要求
平行板电容器的静电场造型	2	必开
螺旋管磁场的测试	2	必开
电磁波的反射	2	必开
电磁波的衍射	2	必开
电磁场的极化	2	必开
布拉格衍射实验	2	必开
合计	12	

实验一　平行板电容器的静电场造型

实验目的：了解平行电场（二维电场）固体模拟的基本原理与方法；通过模型研究平行板电容器的电场分布与极板边缘形状对电场分布的影响。

实验内容：准备一张方格纸（约 35 cm×15 cm），将它铺在模型左侧桌上，移动比例尺，使方格纸位于比例尺能够画上的范围内，然后将导电纸上的电极轮廓用比例尺上的探针勾画在方格纸上；模型板两电极间加 5 V 直流电压，调节滑线变阻器 R 的滑动端 M，使 ϕ_M 点的电位为给定值（以 O 点为参考点）在导电纸上移动探针，利用补偿法原理测得一组等 ϕ_M 点，这些点的连线即为相应的等位线；试验依次调节 M，使值依次为 2.5 V、3.0 V、3.5 V、4.0 V 和 4.5 V，即可描绘出一簇等电位线（因极板间的中心线是场的对称线，故只需描绘二分之一场图）。

实验要求：根据实验测试结果，描绘出相应的等位线；将上述模拟结果与附录中数值计算结果进行比较和讨论；分析平行板电容器的边缘形状对电场分布的影响，并略述其工程意义。

实验二　螺旋管磁场的测试

实验目的：学习磁场的测量方法；研究载流螺线管轴上磁场的分布，并观察螺线管内放入铁芯后，磁场物质对磁场分布的影响；熟悉高斯计 CT3 的使用方法。

实验内容：按图接线，R 是限流电阻，调节电源电压或滑线变阻器使螺线管线圈中的电流为 0.5 A；螺线管内放入木芯；用 CT3 型高斯计及 CT-3-2 型探棒每移动 1 cm 测量螺线管轴线上的磁场，由高斯计直接读出螺线管轴线上各点的磁感应强度（平均值），再由公式计算出电磁强度 H；将木芯取出，用高斯计的探棒在螺线管中部（$X=0$ 处）沿横截面上下左右移动，观察截面上磁场强度分布的均匀性；在螺线管中放入铁芯后，重复上述测量，要注意铁芯端部 H 值的变化，测量时应多取几点，以便能看出其变化情况。

实验要求：根据公式 $H = \frac{1}{2} I \frac{W}{L}(\cos\theta_2 - \cos\theta_1)$ 算出 H 的分布曲线（计算时采用 SI 单位制），描绘在方格纸上；根据两种测试方法的实验数据，在上述同一方格纸上绘制 H 的分布曲线；以公式 $H = \frac{1}{2} I \frac{W}{L}(\cos\theta_2 - \cos\theta_1)$ 计算结果为依据，指出试验结果产生误差的原因，并加以讨论；画出有铁芯时，螺线管中 H 的分布曲线，并解释铁芯端部 H 值剧烈变化的原因。

实验三　电磁波的反射

实验目的：观察电磁流的波动性；验证反射定律；学习微波分光仪的使用方法。

实验内容：将反射板放在支座上，而把带支座的金属板放到小平台上，并对准小平台的刻线，然后将支座固定好，这时，刻线所在的方向就是板的法线方向；转动小平台，使固定臂指针在某一角度处，该角度即为入射角，然后转动活动臂，当在表头上指到一最大指示制值时，所指角度即为反射角，间隔相同的角度测试，共测试 10 次；再将铝板用玻璃板代替，重复以上步骤。

实验要求：记录反射角和入射角的数据；分析产生误差的原因。

实验四　电磁波的衍射

实验目的：观察电磁波的波动性；定量地验证单缝衍射的条纹分布。

实验内容：将调整好的单缝板放到支座上，使支座上的刻度线为板的法线，使固定臂指在 180°；衍射角从零开始，每隔一定的数值读一次表头并记录；找出两个特殊点，即第一极小和第一极大。

实验要求：画出单缝衍射强度与衍射角的关系，根据微波波长和缝宽计算第一极小和第一极大的衍射角，并与实验值进行比较；讨论实验曲线、分析实验误差。

实验五　电磁场的极化

实验目的：观察电磁波的波动性；研究平面电磁波的偏振现象。

实验内容：电磁波的极化是描述电场强度空间量在某点位置上随时间变化的规律，波的极化由电场的方向决定；平面波是指电磁场的场量（电场 $\overline{E}$ 和磁场 $\overline{H}$）只沿它的传播方向变化，而在 x 和 y 构成的横平面内无变化，在波沿 z 轴传播的方向没有电场的分量，一般可有 E_x 和 E_y 分量，设 $E_x = E_{xm}\cos(\omega t - \varphi_1)$，$E_y = E_{ym}\cos(\omega t - \varphi_z)$，根据这两个分量的振幅和相位，波的极化分为直线极化、圆极化和椭圆极化；本实验所用电磁波为垂直极化，属直线极化（在光学中也叫"偏振波"）；电磁场沿某一方向的能量有 $\cos^2 a$ 的关系，这就是光学中的 Malus 定律，即 $I = I_0\cos^2\varphi$，式中 I_0 为极化波的强度，φ 是 I 与 I_0 间的夹角。

实验要求：描述实验原理、目的及试验步骤；分析实验数据，并分析产生误差的原因。

实验六　布拉格衍射实验

实验目的：提高学生的实验素质和科学研究能力，培养学生的创造能力；分析和研究晶面衍射与晶体结构的关系。

实验内容：教师提出布拉格衍射的实验目的和要求，提供波长为 3.2 cm 的微波分光仪一台及一些相关设备。学生自行推证布拉格方程，自行确定实验方法，自行选择和组合配套仪器设备，自行拟订实验程序和注意事项等；做出具有一定精度的定量的测试结果；写出完整的实验报告。

实验要求：在完成设计性实验的整个过程中，充分反映自己的实际水平与能力，力求有创新；提出自己的实验方案选择的原则、测量方法的选择原则、测量条件的选择原则及测量仪器的选择原则；对测量误差进行分析。

7）激光原理与技术实验

实验　氦氖激光器谐振腔实验

实验目的：掌握谐振腔的调试技术；掌握氦氖激光器准值。

实验内容：氦氖激光器准值；测试脉冲波形、脉冲宽度和能量；检验调整质量。

实验要求：调整时先将氦氖激光器准值，为方便一般附加两个反射镜。

8）光电检测技术实验

表 3 - 8　光电检测技术实验名称及学时分配

实验名称	计划学时	教学大纲要求
单光子计数实验	2	必开
硫酸铜溶液吸收光谱特性的研究	2	必开
线性定标测光谱谱线波长及线宽	2	必开
合计	6	

实验一　单光子计数实验

实验目的：利用光电倍增管检测单个光子的能量，通过光电子计数的方法测量极微弱光脉冲信号。

实验内容：分析单光子计数实验系统框图；利用弱光下光电倍增管输出电流信号自然离散的特性，采用脉冲高度甄别和数字计数技术将淹没在背景噪声中的弱光信号提取出来；画出光电倍增管输出脉冲分布曲线。

实验要求：利用检测光子数，折算出被测参数；为补偿辐射源或背景噪声的影响，可采用双通道测量方法。

实验二　硫酸铜溶液吸收光谱特性的研究

实验目的：学习并掌握 WGD - 3 型组合式多功能光栅光谱仪的使用；了解聚硫酸铜溶液的基本参数的测量；观察硫酸铜溶液输出光谱特性。

实验内容：启动软件显示工作平台，选择波长初始化，重新检测零级谱；记录实验数据和光谱图，读取数据并对数据图形进行处理；测定硫酸铜溶液对不同波长单色光的吸收程度；做吸光度曲线，即物质对光的吸收曲线。

实验要求：实验中先打开多功能光栅光谱仪及其他硬件，然后再开启测试软件；掌握吸收光度法的分析原理。

实验三　线性定标测光谱谱线波长及线宽

实验目的：掌握线性定标测光谱谱线波长及线宽；掌握光谱采集与处理系统软件的使用方法；理解 WGD-6 型光学多通道分析器的结构原理。

实验内容：线性定标 $y=a_0+a_1 \cdot x$；测钠灯谱线、半导体激光器波长。

实验要求：实验中先打开多功能光栅光谱仪及其他硬件，然后再开启测试软件；设计和调整光路，把光导入入射狭缝，利用采集程序设定合理的测量范围，获取钠灯和半导体激光器的光谱曲线并保存，在实验报告中分析发光原理及应用。

9）光信息处理实验

实验　"θ"调制实验

实验目的：了解傅立叶光学基本理论的物理意义，加深对光学中空间频谱和空间滤波等概念的理解；了解透镜的傅立叶变换性质和 θ 调制实验原理。

实验内容：光学成像中的傅立叶变换；阿贝成像原理验证；空间滤波；θ 调制实验。

实验要求：复习工程数学中傅立叶变换部分；复习普通物理透镜成像部分。

10）光纤通信实验

光纤通信实验名称及学时分配如表 3-9 所示。

表 3-9　光纤通信实验名称及学时分配

实验名称	计划学时	教学大纲要求
光纤通信实验系统信号发生器单元实验	2	必开
中央处理器(CPU)单元实验	2	必开
码型(CMI)变换实验	2	选开
光发送系统实验	2	必开
光接收系统实验	2	选开
PCM 话路光传输系统实验	2	必开
变速率数据光传输实验	2	选开
模拟和数字光纤系统实验	4	必开
合计	18	

实验一　光纤通信实验系统信号发生器单元实验

实验目的：熟悉该光纤通信原理实验系统的电路组成；熟悉光纤能信系统发送端信号产生的方法。

实验内容：用示波器测出各测量点波形，并对每一测量点的波形加以分析；分析伪随机码发生器的工作原理并画出输出波形。

实验要求：分析电路的工作原理，叙述其工作过程；根据测度的实验数据、现象与波形，写出分析的结果与实测的是否一致。

实验二　中央处理器(CPU)单元实验

实验目的：了解单片机在光纤通信系统中的应用；了解该元电路对整个光纤实验系统的管理与控制过程。

实验内容：熟悉键盘使用的方法和分析 CPU 中央集中控制处理器单元电路的工作过程；用示波器测出测量点 TP1、TP2 的波形，并对测量点的波形加以分析；用万用表测量直流电压值，其测量点为 TP3、TP4、TP5、TP6，并做记录。

实验要求：分电路的工作原理，叙述其工作过程；根据测度的实验数据、现象与波形，写出分析的结果与实测的是否一致。

实验三　码型(CMI)变换实验

实验目的：了解光纤通信采用的线路码型；掌握 CMI 码的特点；了解 CMI 的编解码实现方法。

实验内容：用 CLK 时钟送入 NRZ 码到 CMI 编码，分析电路，测出各点的波形；比较 CLK 时钟、NRZ 码、CMI 码。

实验要求：阅读光纤通信系统原理的线路码型章节；熟悉相关电路的芯片功能。

实验四　光发送系统实验

实验目的：了解光源的发生特性；掌握光发送所完成的电光变换原理；了解模拟光发送和数字光发送的区别。

实验内容：用示波器观察数字信号光传输的各点波形；用示波器模拟数字信号光传输的各点波形；采用光功率测出光源的光纤功率；观察光源的非线性失真。

实验要求：阅读光纤通信系统原理中有关光源和光发送的章节；熟悉光功率计的使用。

实验五　光接收系统实验

实验目的：了解光检测器的光电变换原理；掌握光接收电路的功能；掌握光接收机的动态范围的概念。

实验内容：TP701 为接收模块输入，用示波器测量电压的幅度；用示波器观察接收机的输出 TP705，与 TP701 的测试结果相比较，计算接收的放大倍数。

实验要求：熟悉光纤通信系统有关光检测器和光接收机部分。

实验六　PCM 话路光传输系统实验

实验目的：了解话音信号的 PCM 编解码的原理；掌握电话通信经过光纤信道的全过程；了解话音质量的高低与系统的哪些指标有关。

实验内容：用电话光传输系统完成甲乙双方的电话通信过程。

实验要求：熟悉通信系统有关话音编解码内容；了解 PCM 编解码芯片的功能。

实验七　变速率数据光传输实验

实验目的：了解数字光纤通信系统的原理；掌握 NRZ、RZ 码对接收时钟的影响；观察变速率数据情况下接收端的眼图并分析原因。

实验内容：完成各种数据速率的光纤传输，测试输入输出波形，并加以比较。

实验要求：熟悉常用的数字接口码型及数字接口电路。

实验八　模拟和数字光纤系统实验

实验类别：综合性实验

实验目的：熟悉光纤通信传输数字、模拟电话信号原理；了解系统的性能与测试；熟悉设计性实验环节。

实验内容：设计性实验将模拟数字光纤通信系统放在一起进行实验；根据光纤通信原理设计数字系统，测量并计算；设计模拟系统，将输入信号和输出信号比较，并判断模拟系统的性能。

实验要求：复习光纤通信系统的原理；预习以前做过的实验重点（实验三、四、五、六、七）。

11）光电成像原理实验

光电成像原理实验名称及学时分配如表 3-10 所示

表 3-10　光电成像原理实验名称及学时分配

实验名称	计划学时	教学大纲要求
CCD 驱动器实验	2	必开
面阵 CCD 实验	2	必开
合计	4	

实验一　CCD 驱动器实验

实验目的：掌握用双踪迹示波器观测 CCD 驱动器各路驱动脉冲的频率、幅度、周期和相位关系的测量方法；通过测量 CCD 驱动脉冲之间的相位关系，掌握二相线阵 CCD 的基本工作原理；通过测量典型线阵 CCD 的输出信号与驱动脉冲的相位关系，掌握 CCD 的基本特征。

实验内容：用双踪迹示波器检查 CCD 驱动器各路驱动脉冲波形是否正确；脉冲频率和积分时间；测量输出信号 U_o。

实验要求：写出实验总结报告，注意说明 TCD2252D 的基本工作原理、Φ_R 的作用、输出信号与 Φ_1 或 Φ_2 周期的关系。

实验二　面阵 CCD 实验

实验目的：通过实验理解和掌握隔列转移型面阵 CCD 的基本工作原理；掌握面阵 CCD 的各路驱动脉冲波形和各路驱动脉冲的功能；掌握面阵 CCD 输出的视频信号与电视制式。

实验内容：测量驱动脉冲波形；测量视频输出信号；观察在行正程期间和行逆程期间内图像灰度的变化情况。

实验要求：通过实验，用自己的语言结合所观察的驱动脉冲波形图说明隔列转移面阵 CCD 的基本工作原理，完成实验报告。

12）现代显示技术实验

现代显示技术实验名称及学时分配如表 3-11 所示。

表 3 - 11　现代显示技术实验名称及学时分配

实 验 名 称	计划学时	教学大纲要求
阴极射线管性能测试	2	必开
彩屏显示驱动实验	2	必开
合计	4	

实验一　阴极射线管性能测试

实验目的：理解显示技术指标的含义及测量方法。

实验内容：测试和调整电子束光点；测试荧光屏各像素间距；计算电子束管分辨率。

实验要求：屏的亮度和电子束光点大小（聚焦）要调整适中。

实验二　彩屏显示驱动实验

实验目的：掌握 TFT - LCD 的驱动原理；理解 TFT - LCD 的制作工艺和彩色显示原理。

实验内容：调节 TFT - LCD 显示板的亮度和对比度；编辑所要显示的字符或图像；输入数据，修正字符或图像。

实验要求：编辑所要显示的字符或图像并显示出来。

13）红外物理技术实验

实验　红外辐射谱的测量

实验目的：理解单光路系统测量光谱发射率 $\varepsilon_\lambda \sim \lambda$ 的基本原理；掌握相对辐射谱的测量方法。

实验内容：测出鼓轮值、输出信号值以及波长值并列出表格；画出 $\varepsilon_\lambda \sim \lambda$ 关系曲线。

实验要求：说明测量 $\varepsilon_\lambda \sim \lambda$ 关系曲线的条件；了解探测器的最佳调制。

14）光电电子线路实验

实验　锁定放大器原理实验

实验目的：了解锁定放大器的原理及典型框图；根据典型框图，连接成锁定放大器；熟悉锁定放大器的使用方法。

实验内容：测定锁定放大器的特性参数；了解双向锁定系统。

实验要求：通过实验了解锁定接收法，能利用互相关原理，使输入的周期性的待测信号与频率相同的参考信号在"相关器"中实现互相关运算。

2. 综合及设计性实验大纲

1）电子技术综合实验

（1）10 W 扩音机的安装与调试：实验重点是学习分析电路要求，掌握元件的选择和筛选、器件手册的查找和使用，整体电路的合理布局及正确可靠的焊接方法，以及各指标参数的测试，故障与问题的分析排除等技能方法。

（2）集成稳压电源的设计与安装：根据指标选择电路并画出原理图，依据科学合理与经济实用的要求选择各部分器件，注意保护电路的设计使用，通过调试与测试，完善各设计指标。

（3）数字电子钟：依据要求画出电路原理框图，进行各个系统与总系统的设计，画出逻辑电路图，表明各子系统之间的联系，掌握数字集成器件的选择要求（TTL与CMOS器件的选用原则），合理排列，进行系统安装与调试、故障分析判断及排除。

（4）序控制器：理解数字电路的各环节，各种门电路、触发器、计数器、译码器、脉冲信号发生器及存储器等如何组成一个较为复杂的数字系统，并加深对各环节原理的认识，对"编程"有进一步的认识。

2）电子技术设计性实验

实验一　集成运算放大器的基本应用

实验目的：研究集成运放在模拟电路中的应用，分析其在比列放大、加法、减法、积分与微分中的功能；了解集成运放在单电源供电时的特点。

实验内容：了解失调电压、失调电流的概念与调整方法，测量同、反相比例器以及减法器、加法器、微分电路（集成运放组成的）的参数值。

实验要求：掌握集成运放一般应用的方法及观察其相位关系，了解调零与消振电路，单电源供电时的要求与方法。

实验二　组合逻辑电路及应用

实验目的：验证几种组合逻辑电路的逻辑功能，掌握各种逻辑门的实际应用。

实验内容：用异或门、与非门构成全加器电路，用与非门构成二—四线译码器，将二—四线译码器级联应用构成三—八线译码器。

实验要求：了解各电路的基本应用与集成器件级联扩展使用的方法，并能掌握根据具体要求设计出实际所需电路的方法。

3）光电子综合实验

实验一　固体激光器装调及静态特性

实验目的：掌握固体激光器的工作原理；学会固体激光器的装调；掌握常用固体激光器的调整和检测仪器的使用方法；测量固体激光器的静态特性。

实验内容：装调静态固体激光器，使之产生激光，反复调整，降低阈值，观察脉冲氙灯的闪光波形；测量激光器输入能量的阈值。

实验要求：所有的光学元件的光学调节架应具有极高的稳定性。

实验二　声光调Q倍频YAG激光器实验

实验目的：掌握声光调Q连续激光器及其倍频的工作原理；学习声光调Q倍频激光器的调整方法；了解声光调Q固体激光器的静态和动态特性，并掌握测试方法。

实验内容：观察声光调Q连续YAG倍频激光器的工作特点；测量倍频激光器的脉冲宽度和波形；观察不同声光调制频率下绿光输出功率的变化。

实验要求：估算倍频激光器的倍频效率。

实验三　掺铒光纤放大器性能测试

实验目的：了解掺铒光纤放大器（EDFA）的基本结构和功能；测试EDFA的各种参数并通过测量的参数计算增益、输出饱和功率、噪声系数；了解参数的定义和计算方法，对

EDFA 的各种使用情况有充分的认识。

实验内容：测量 EDFA 的增益曲线；绘制噪声系数曲线；掌握偏振相关变化。

实验要求：了解 EDFA 的中继工作原理和作用。

实验四　光电成像实验

实验目的：了解光电图像转换及处理方法。

实验内容：利用数码相机记录图像；利用图像处理软件进行图像处理。

实验要求：正确使用数码相机；用图像处理软件进行图像处理。

实验五　激光全息照相

实验目的：加深理解全息照相的基本原理；学会拍摄全息照片，观察物体的再现像（虚像和实像）。

实验内容：拍摄透射型全息图，暗室中完成显影和定影，观察物体的再现像（虚像和实像）；拍摄反射型全息图，暗室中完成显影和定影，用白光观察物体的再现像。

实验要求：拍摄透射型全息图时，要使物光和参考光程近似相等，光波振动方向一致，参物角一般取 $30°\sim60°$，物参比约为 $4:1$。

实验六　阿贝成像实验

实验目的：理解二次成像基本原理和基本特性；测量频谱变换特性。

实验内容：调整光路以正确成像；变化频谱观察图像清晰度的变化。

实验要求：作出水平、垂直、45°线频谱滤波图像。

4）光电子设计性实验

实验一　氦氖激光器电源

实验目的：掌握氦氖激光器电源的工作原理；完成电源的安装、调试，并能正常点燃激光管。

设计内容：设计电源原理图，熟悉电子元器件，并将其焊接在线路板上；将焊接好的氦氖激光器电源进行安装、调试。

实验要求：选择适当的电阻个数，使工作电流调至 $4\sim6$ mA，测量并记录下管压降与电阻上的压降。

3. 电子科学与技术专业课程设计大纲

实验课、课程设计和毕业设计是大学阶段既相互联系又互有区别的三大实践性教学环节。课程设计是根据某一门专业基础课或专业课的要求，以综合运用所学知识为目的，对学生进行综合性训练。这种训练是通过学生独立进行某一课题的调研、设计研究、安装和调试来完成的。然而，要完成一个课题将涉及许多方面的知识，既有理论知识（设计原理与方法），还有实际知识与技能（安装、调试与测量技术）。课程设计可以培养学生的归纳演绎能力，使学生综合运用课程中所学到的理论知识独立或合作完成课程设计课题。

电子科学与技术专业课程设计大体可分四个阶段：

（1）调研阶段（也称"预设计阶段"）。学生根据所选课题的任务、要求和条件进行资料调研，查找相关研究成果和方案，通过论证与选择确定研究方案。此阶段约占课程设计总学时的 30%。

（2）研究、设计与制作调试阶段。预设计经指导教师审查通过后，学生即可着手研究实施方案，使之达到设计要求。此阶段往往是课程设计的重点与难点所在，所需时间约占总学时的 50%。

（3）撰写总结报告阶段。总结报告是学生对课程设计全过程的系统总结，学生应按规定的格式进行编写。说明书的主要内容有：

① 课题名称。

② 设计任务和要求。

③ 方案选择与论证。

④ 方案的原理框图、总体电路图、布线图，以及它们的说明和单元电路设计与计算说明；元器件选择和电路参数计算的说明等。

⑤ 电路调试。对调试中出现的问题进行分析，并说明解决的措施；测试、记录、整理与结果分析。

⑥ 收获体会、存在问题和进一步的改进意见等。

（4）成绩评定阶段：课程设计结束后，教师将根据以下几方面来评定成绩：

① 设计方案的正确性与合理性。

② 实验动手能力（安装工艺水平、调试中分析解决问题的能力，以及创新精神等）。

③ 总结报告。

④ 答辩情况（课题的论述和回答问题的情况）。

⑤ 设计过程中的学习态度、工作作风和科学精神。

1）激光原理与技术课程设计

激光原理与技术课程设计的目的：

本课程设计是在学完激光原理与技术课程之后，综合利用所学知识完成一篇关于激光原理与技术相关内容的科技论文。通过在给定范围内自由选题，培养学生查阅相关文献、发现问题、分析问题和解决问题的能力，以及对所学课程的综合掌握能力和创新意识，从而使学生加深对激光原理与技术课堂知识的理解，增强学生对激光原理与技术课程的总体认识，使学生获得撰写科技论文的初步经验和技能，为后续专业课、毕业设计和今后从事研究工作积累经验。

课程设计选题：

（1）横模选择技术的应用研究。

（2）纵模选择技术的应用研究。

（3）稳频技术及其应用研究。

（4）调 Q 技术及其应用研究。

（5）注入锁定技术及其应用研究。

（6）锁模技术及其应用研究。

（7）利用模电、数电知识设计一个高压直流放电电源。

（8）谐振腔的损耗与自再现模的形成机制的理论研究。

（9）高斯光束的准直与聚焦的理论研究。

（10）M^2 因子测试技术研究。

（11）烧孔效应及其应用研究。

（12）三能级系统与四能级系统阈值比较研究。

（13）无谐振腔激光器输出特性研究。

（14）激光的产生和发展。

（15）激光的应用（医学、军事、工业、农业等）。

课程设计要求：

（1）每人自选一题，或同一题的不同方向。

（2）查阅相关中文期刊文献 3～5 篇，书籍文献 1～2 本。

（3）完成论文 1 篇，字数 3～5 千字。

（4）论文格式与查找期刊文献相同（包括题目、作者、班级、中文摘要、关键词、英文摘要、英文关键词、引言、技术原理及应用、结论和参考文献等）。

2）激光器件与应用课程设计

激光器件与应用课程设计的目的：

本课程设计是在学习激光器件与应用课程之后，要求学生综合利用所学知识完成一个 3 mW(250 mm)氦氖激光器直流放电电源制作，培养学生的动手设计、制作调试能力，从而使学生加深对激光原理和激光器件知识的理解，获得激光器直流放电电源设计、制作初步经验。

课程设计内容：

（1）设计 3 mW(250 mm)氦氖激光器电源电路结构。

（2）完成 3 mW(250 mm)氦氖激光器放电电源的制作和调试。

课程设计要求：

（1）熟悉激光的基本原理。

（2）熟悉激光器的基本组成。

（3）掌握氦氖激光器工作原理。

（4）掌握气体激光器对电源设计和的要求。

（5）每 2 个学生为一组，自行设计、制作一套指定电源系统，并能使 3 mW 氦氖激光器正常工作。

（6）完成一份课程设计报告，总结设计、制作过程中遇到的各种问题。

（7）提出测试氦氖激光管伏安特性的方法，并提出改进意见。

（8）为制作的电源系统加电前，学生必须经指导老师检查无误后方可接通电源。

4. 电子科学与技术专业实习大纲

1）电子科学与技术专业认识实习

认识实习的目的：

认识实习能使学生进一步了解专业技术发展状况，对本专业相关产业有一个初步的认识，进一步延伸课程教学与实践教学环节，让学生了解电子科学与技术专业相关产业的生产过程、技术成就，从而获得必要的感性认识，提高学生对实践教学环节的重视度，增强学生独立分析和解决实际问题的能力，进一步激发学生的学习自主性和爱国热情。

认识实习的方式：

认识实习主要采取走出去、请进来，校内校外集中讲解、演示、参观等相结合的形式。

认识实习内容：

（1）专业技术发展状况。

（2）本专业相关产业介绍。

（3）相关产业的生产过程。

（4）本专业技术成就参观，如激光加工、激光计量技术、飞秒激光技术、光纤陀螺技术、航空航天等。

认识实习要求：

实习后写出实习总结报告，总结实习过程中的收获与体会。

认识实习考核：

专业认识实习成绩由以下因素决定：

（1）实习过程中，学生是否遵守实验室的规定。

（2）保证实习报告与实习的绝对真实性，真实第一，准确第二。

（3）完成规定的实习内容，写出实习报告。

（4）实习出勤情况。

认识实习注意事项：

（1）参加实习的同学，必须按时参加，不得无故缺席。

（2）实习中要保持严肃认真，发扬理论联系实际的学风、实事求是的科学态度和爱护国家财产的高尚品质。

（3）进入实习场所后要保持安静，遵守实习场所的有关规定。

（4）在实习过程中注意人身安全。

2）电子科学与技术专业金工实习

金工实习目的：

金工实习是一门实践性较弱的技术基础实践课，对电子科学与技术专业的学生来说是重要的实践教学环节之一，对学生了解工程材料及机械制造的基础知识和培养动手能力有重要作用。学生通过金工实习，能获得机械制造工艺的基本知识，建立机械制造生产过程的概念，培养一定的操作技能，在劳动观点、理论联系实际和科学作风等工程技术人员的基本素质方面受到培养和锻炼，为后续课程的学习和今后的工作打下一定的实践基础。

金工实习内容：

（1）机械加工。

（2）钳工。

（3）焊接。

金工实习形式：

金工实习以实践教学为主，指导教师应安排学生进行独立操作，并辅以专题讲授。

金工实习学时：

时间为2周，包括新技术观摩与安全教育（1天）、机械加工（3天）、钳工（4天）、焊接（4天）等。

金工实习考核：

日常考核（包括操作考核）。

3）电子科学与技术专业生产实习

生产实习目的：

电子科学与技术专业生产实习，是通过学生到相关产业的工厂、公司参与电子产品、光学产品、光电子产品、微电子产品等的生产、加工和处理以及相应的产品检验和评测，使理论知识和生产实践相结合，提高学生的实践动手能力，使学生对电子科学与技术专业相关产业产品的产销有更加全面而深入的认识，进一步明确今后的学习目标和努力方向。

生产实习方式：

校外集中实习。

生产实习内容：

（1）光纤光缆的拉丝、熔接、耦合、布线组网。

（2）光纤光缆在计算机网络、有线电视网络技术中的应用。

（3）光学镀膜技术，如光学冷加工（粗磨、精抛）、光学特种加工、精装、光擦、校正、零件检验、成品检验等。

（4）半导体元器件的生产。

（5）光通信设备的生产及应用。

生产实习要求：

学生在实习教学中，要了解所在单位的生产、加工和销售环节等相关领域的发展概况，熟悉实习的具体内容，在工作人员的指导下认真完成实习任务。

学生在实习结束后，要提交整理后的实习报告和实习日记。

生产实习考核：

实习考核包括出勤、任务完成情况和实习报告三部分。其中，出勤占总成绩的 20%，任务完成情况占 50%，实习报告占 30%，出现特殊情况，指导教师酌情处理。

生产注意事项：

学生必须保证出勤，不得随意请假或旷课；在实习单位必须无条件遵守所在单位的安全规定，听从所在单位工作人员的安排。

4）电子科学与技术专业毕业实习

毕业实习目的：

毕业实习是一个十分重要的综合性实践教学环节，是学生综合运用所学知识技能为将来走上工作岗位奠定基础的重要途径。学生通过毕业实习，不仅可以提前适应社会，了解当前社会先进的科学技术和具体岗位对工作人员的规范要求，尽早联系工作单位，而且可以检验所学的基本知识和基本技能，进一步提升理论联系实际的能力，丰富实践经验，巩固所学专业知识，发现自己的不足，在毕业前进行重点学习。

毕业实习内容：

毕业实习的内容根据实习单位的具体情况而定。通常应完成以下项目中的至少一大项工作：

（1）在生产单位：

① 了解熟悉生产现场各工序和流程。

② 了解熟悉产品的开发、研制、生产、鉴定、质量的控制及销售等各个环节。

③ 了解生产单位对一个合格的工程师的要求。

（2）在使用单位：

① 全面了解本专业相关产品如何有机结合成为一个系统。

② 对整个系统正常运行所必需的日常管理和维护。

③ 结合重点设备，了解其工作原理及与其他设备联系的手段。

④ 若在通信运营部门实习，应对整个系统组成、网络连接有一定了解。

（3）在销售单位：

① 重点了解相关设备的原理、特点和运行范围。

② 掌握相关设备在组成系统时的应用方式（如组网设备及其他相关设备的接口等）。

③ 了解不同厂家的相关产品的优点及销售策略。

毕业实习要求：

学生毕业必须参加毕业实习，否则不予毕业。学生在毕业实习期间，应严格遵守国家各项法律法规，严格遵守学校、实习单位的各项规章制度。通过实习，学生不仅要锻炼提高自身的综合能力，也要认真负责地完成实习单位下达的各项任务，尊重并虚心向实习单位的工人、技术人员、管理人员学习，服从领导，增进友谊与团结，维护和提高学校的声誉。

毕业实习考核方式：

（1）实习指导教师评分，占总成绩的 40%。

（2）实习报告评分，占总成绩的 60%。

第4章　电子科学与技术专业毕业设计

毕业设计作为高等学校本科教育的重要教学环节，是高等学校人才培养计划的重要组成部分，对培养合格、实用的人才具有十分重要的作用。它既是学生对所学专业知识进行综合运用的过程，又是学生将理论与实践相结合分析解决实际问题和培养初步科学研究能力的重要阶段，也是对学生综合素质与工程实践能力的全面检验。

4.1　毕业设计(论文)的目的和作用

1. 毕业设计(论文)的目的

毕业设计(论文)是大学四年学习中最后一次系统、全面和综合性的实践教学环节，是教学计划中的一个有机组成部分。毕业设计(论文)是以学生为主体、教师参与的一项教学活动，是学生综合运用所学基础理论、专业知识和基本技能提升自身独立分析和解决实际问题能力的一次尝试，也是其他各个教学环节的继续和深化。毕业设计(论文)的综合性、实践性、独立性、创造性和学术性是其他环节不能替代的，可以说，毕业设计(论文)也是大学生完成本科学习、走向工作岗位前的一次"实战演习"，而这次"实战演习"的目的有以下几方面：

1) 知识系统化，提高综合运用能力

大学本科教学的主要内容涵盖基础知识、专业基础知识、专业知识及交叉领域知识等，对各年级的学生以阶段性、递进性目标进行培养。单门课程往往侧重本学科知识的系统性和完整性，而毕业设计(论文)则具有"过程性"，即学生必须剖析毕业设计选题要求达到的设计目标，系统回顾和总结以前所学的各类知识，将各科知识与毕业设计(论文)课题内容融会贯通，设计课题内容，实现设计指标，总结并改进设计过程，最终完成毕业设计(论文)的结果。

与阶段性培养中的课程设计不同，毕业设计(论文)选题依据学生情况具有分散性和各异性，综合考量学生的各种能力，有一定难度的题目，尤其是有创新性和研究性的题目，更需要学生有较全面的知识体系作支撑，多学科、多方法综合运用。在毕业设计(论文)过程中，学生要把多学科诸多原理、技术和方法与设计中的问题对照，理解并灵活应用于问题的解决中去，增强对知识体系的理解，加深记忆，达到融会贯通、灵活运用、综合掌握知识的目的。

2) 不断学习，逐步完善知识结构

本科教学在递进性的培养中可以为学生建立一个专业知识和技能的基本框架，而大多

数课程的教学是通过教师课堂讲授使学生受到系统的知识训练，是以教师为主导的，学生的知识构架是开放式的，不够完善、全面，尚需要不断地补充和扩展。

在毕业设计(论文)的初期，针对课题要求，学生可以不拘泥于陈规，标新立异，采用发散思维，从问题出发，思路、方法越多越好，并主动学习新的知识和方法，以解决课题中遇到的实际问题，可以说是"由一到多"。而在毕业设计(论文)的中后期，相对于发散思维而言，学生应以课题的设计内容和指标为中心，广泛运用前期的各种已有知识、方法和经验，将多类信息重新组织，从不同的角度出发，再从若干种方案中选出最佳方案，同时注意吸取其他方案的优点加以完善，再围绕这个最佳方案进行创造，从而达到解决问题的目的。这就好比凸透镜的聚焦作用，使不同方向的光线集中到一点，从而引起燃烧。这种收敛思维是"由多到一"。发散思维和收敛思维的过程要求学生针对课题能够独立查阅大量相关研究资料，并进行系统的分析、研究，培养和提高了学生针对实际问题主动学习知识的能力。创造性思维本身是一种复杂的、多元思维的整合，不能只用单一的思维过程去解决一个综合性的实际问题。毕业设计(论文)的任务是教会学生正确运用创造性思维解决实际问题的基本方法，某种意义上，这比知识本身更重要，能为学生离开校门走向社会后在工作中不断学习新知识、掌握新技能和提高专业素养奠定良好的基础。

3) 勇于实践，提高解决实际问题的能力

在多种学科日益交叉与融合的今天，大学生需要掌握与运用的知识不仅仅局限于其所学的专业。许多工程技术问题往往涉及多学科，毕业设计也是如此。毕业设计(论文)的课题多以理论研究、实际问题为对象，注重理论的应用与创新和解决实际问题的可行性方案，重点培养学生运用理论知识解决实际问题的能力。在毕业设计(论文)中出现的诸多课题是没有标准答案的，而学生的角色是毕业设计的主体，在教师的指导下独立思考与探索，这是能力培养的根本出发点。在毕业设计中，教师可以引导学生参与指导教师承担的科研项目，或者解决工程应用和生产实际中的一些具体问题，促使学生去思考新问题、应用新技术，提高自己的研究和探索能力。工科毕业设计的课题涉及的理论和工程技术问题，要求学生必须进行调查研究，取得第一手资料和数据，熟悉有关规范、规程、手册和工具书，进行观察、比较、分析、综合、抽象和概括，并且结合多种因素得出结论，学生要善于运用归纳、演绎和类比进行推理，并准确阐述自己的观点和思想，这个过程和效果是课堂教学无法达到的。毕业设计(论文)是学生学习、研究与实践成果的全面总结，有助于培养学生踏实、细致、严格、认真和吃苦耐劳的工作作风。

4) 尊重科学，培养科研和论文写作能力

毕业设计(论文)作为对学生综合能力的考核，是训练学生独立进行科学研究的过程，毕业论文的撰写也可以提高学生的表达与写作能力。毕业论文的科学性要求学生必须切实地从客观实际出发，从中引出符合实际的结论。在论据上，学生应尽可能多地占有资料，以最充分的、确凿有力的论据作为立论的依据。但又不能只是材料的罗列，应对大量的事实、材料进行分析、研究。在论证时，学生必须经过周密的思考和严谨的论证。论文的内容必须符合"实事求是""有的放矢""既分析又综合"的科学研究原则及方法。撰写毕业论文可以使学生了解科学研究的过程,掌握如何收集、整理和利用材料,如何观察,如何调查、做样本分析,如何利用图书馆检索文献资料,以及如何操作仪器等。撰写毕业论文是学生学习如何进行科学研究的一个极好的机会,因为教师的指导与传授,可以帮助学生减少摸索中的一些失误,少走弯路,而且可以使学生直接参与和亲身体验科学研究工作的全过程及各个环节,是一次系统的、全面的实践机会。

写作以语言文字为信号,是传达信息的方式。信息的收集、储存、整理、传播等都离不开写作。大学生毕业后不论从事何种工作,都必须具有一定的研究和写作能力。学士论文应能表明作者确已较好地掌握了本门学科的基础理论、专门知识和基本技能,并具有从事科学研究工作或担负专业技术工作的初步能力。工科类学生应该更善于用图表表达自己的设计,能够撰写流畅通顺的设计说明书,在毕业答辩的过程中能够全面准确地表达自己的设计内容。毕业设计(论文)是学生结束大学学习生活走向社会的一个中介和桥梁,是大学生才华的一次显露,在一定程度上能表明一个人的综合能力。在毕业论文写作过程中,学生对所学专业的某一方面做较为深入的研究,会培养学习的志趣,对增强攀登某一领域科学高峰的信心大有裨益。

5) 沟通协作,培养品行兼备的技术人才

毕业设计(论文)是本科生在校学习的最后一个环节,也是他们走出校门,走向社会前的最后一课,所以毕业设计(论文)也是一种特殊意义上的"毕业教育"。在毕业设计(论文)的完成过程中,学生可以了解学科发展的前沿理论和方法,了解当前社会生产存在的实际问题,了解专业在经济建设中的作用和意义,从而增强学生作为未来专业技术人才的责任感和使命感。

当今社会,创新成果往往不是个人闭门造车的结果,而是群体和团队协作的结果。在毕业设计中,独立思考不是封闭和孤立的思考,而是需要学生与指导教师和其他同学不断讨论与交流。指导教师要在毕业设计的过程中定期与学生交流,组织学生讨论,鼓励学生讲出自己的见解,帮助学生选择合适的设计方向,解决设计中遇到的难点。在平时学习中,同学之间的相互探讨也往往会使人茅塞顿开。毕业设计(论文)的学习交流过程能提高学生的沟通与协作能力,为未来的工作、研究做好团队合作的准备。

大学是高层次的教育,培养的人才既要有较扎实的基础知识和专业知识,又要能发挥创造力,不断解决实际工作中出现的新问题。这就要求学生在毕业设计(论文)中加强对研究方向或领域的认识与理解,以科学的态度、探索的精神、严谨求实的作风、团结协作的方式完成各项任务和指标,成为一名合格的专业技术人才。

2. 毕业设计(论文)的作用

高等教育历来十分重视实践性教学环节的加强与拓宽,毕业设计为学生提供了一个多角度、全方位提高和锻炼自己能力的机会,可以为未来工程师的终身学习奠定一个必要的基础。毕业设计(论文)无论对学生还是教师,都是一个很重要的实践教学环节,它的作用主要体现在五个方面:

（1）巩固和提高学生的基础理论和专业知识，增强学生对信息的查询、梳理和组织能力，锻炼学生综合运用知识的能力，提高学生发现问题、分析问题、解决问题的能力，在表达、写作、沟通、合作等各方面达到本科教学培养的目标。

（2）培养学生严谨的科学态度和工作作风，以及勇于探索、敢于创新的精神。

（3）锻炼独立工作能力和培养自觉性，完成从学校学习到岗位工作的过渡，缩短学生在未来工作岗位上的适应期。

（4）在毕业设计的指导过程中，教师通过师生间交流，发现和弥补教学中的不足，有利于教师完善自己的教学。培养学生的团队精神，为工作后与他人协作奠定基础。

（5）发掘毕业设计（论文）中的优秀作品，鼓励一些有价值的研究成果，为后续的科技竞赛或学习研究奠定基础。

4.2　毕业设计（论文）各阶段任务

本科毕业设计（论文）工作从开始准备到结束，会持续一个学期甚至更长的时间，一般是从第七学期末选题开始到第八学期末结束。整个过程分八个阶段进行：

第一阶段：选题审查。毕业设计选题恰当与否，是影响毕业设计质量的重要因素。随着本科教学对实践环节越来越重视，各院系对毕业设计的管理也越来越严格。为了让学生能更好地发挥主观能动性，毕业设计的选题过程也可以让学生参与进来。在第七学期开学之初，各位毕业设计指导教师与学生双向沟通，因材施教，使题目贴近学生兴趣，同时由教师把握选题的难度和工作量，确定选题要完成的内容及各项技术指标。读研的学生可以提前进入导师的项目，把毕业设计内容与研究生阶段的研究方向衔接起来。部分学生还可以将毕业设计与所签公司的实习相结合，在生产实践中完成毕业设计。毕业设计的选题内容和形式着眼于培养学生的能力，但无论什么情况，选题均要在规定时间内上报各系（部），由系（部）统一审查毕业设计（论文）选题报告的可行性，筛选后上报院毕业设计指导委员会复审。

第二阶段：确定选题。各系公布审核合格的毕业设计题目和相应的指导教师，按照学生和导师双向选择、学院调整的原则进行选题，选题和指导教师确定并公布后，指导教师按要求及时将毕业设计（论文）任务书下发给学生并就设计内容和进度向学生进行说明。

以上两个阶段任务必须在第七学期结束前完成。

第三阶段：课题调研。调研是针对现象或问题进行深入细致的调查，对获得的材料进行认真的分析研究，寻求解决问题的可行性办法。调研的方法主要有查阅文献资料、访谈、实体调查等。教师应指导学生通过综合运用多种调研方法，获取真实、有效、科学的文献资料和数据，并对相关资料进行归纳、整理和分析，发现其中存在的问题，结合毕业设计任务的具体问题进行具体分析，找到解决问题的可行性方案。在调研中，学生可充分利用数字化图书馆和 Internet 加快信息的传递和利用率，但也要以严谨的态度处理好资源共享和知识产权保护的关系。根据要求，每位学生查阅和检索的资料应在 10 篇以上，并笔译一篇与本毕业设计(论文)有关的外文资料(不少于 5000 个汉字),以提高学生的综合检索、阅读及翻译能力。

第四阶段:开题报告。在初步调研后,学生需要完成本科毕业设计开题报告,其作用是阐述课题的研究目的和意义、国内外的研究现状、主要研究内容、为完成课题已具备的和所需的条件、研究方案及进度安排、研究中可能遇到的问题及所采用的方法、手段等,同时提出初步的理论或设计框架,这个框架将决定后期研究内容的建构和方向。最后必须要做的一件重要的工作是文献综述,它是一种最基础的研究方法,是任何研究都必须要使用的研究方法。文献综述的一个重要价值就是为本研究课题提供启示,奠定知识基础,从中找到课题的重要依据。开题报告不仅仅是研究之初就结束的事情,随着研究过程的进展,学生会产生新的观念,找出新的方法。因此,适时、适宜地对开题报告作出调整,是很正常的事情。

第五阶段:毕业设计(论文)工作。在指导教师的指导下,按照进度安排逐步完成设计内容后,学生应完成毕业设计(论文)。一般应先要勾勒出论文目录,使论文的起草有初步依据。然后把论文目录展开,加入设计内容予以扩充,由章节到内容要点进行完善。分析问题、解决问题要论点明确、论据充分。结论部分要包括研究课题得出的结果、对课题提出的探讨性意见及对未解决的问题提出的某种设想等。论文忌大篇幅引用,忌抄袭他人论文。撰写论文的过程中,学生应及时与指导教师沟通,发现问题及时修正,在第八学期的第十五周结束前,提交经指导教师审阅合格的、符合《通信与信息工程学院毕业设计(论文)撰写规范》的毕业设计(论文)。

第六阶段:评阅论文。指导教师审阅自己指导的学生论文并填写审阅意见书;评阅教师评阅非自己指导的学生论文并填写评阅意见书,并拟定在论文答辩会上需要论文作者回答或进一步阐述的问题。指导教师和评阅教师同意学生参加答辩,则学生做答辩前的准备工作;若指导教师或评阅教师不同意学生参加答辩,则学生根据意见进行相应的修改工作,直至指导或评阅教师认为达到标准才可参加答辩。

第七阶段:组织答辩。学院成立答辩委员会,由各系组织教师成立答辩小组,答辩小组一般不少于五人,应至少有两人具备副高以上职称,从中确定一位学术水平较高的答辩小组组长,负责答辩的召集工作,同时确定一位答辩秘书,负责答辩的各项具体事宜。各系将答辩小组人员上报学院,学院答辩委员会审核通过后,各系按照学院整体安排开展毕业设计答辩工作。本科毕业设计(论文)采用公开答辩的形式,由学生自述和教师提问两部分组成,题目中包含大量软、硬件设计的,可提前安排软、硬件验收。各答辩小组根据毕业设计(论文)综合评定办法,结合答辩成绩、指导教师审阅成绩和评阅教师评阅成绩给出每位学生的最终毕业设计(论文)成绩,对于综合成绩不合格的学生,由学院答辩委员会组织安排二次答辩。二次答辩成绩不及格的学生,重新完成毕业设计(论文)环节,跟随下一年级答辩。答辩结束后三天内,将毕业设计(论文)成绩按要求上报学校教务处教务科,以便审核学生的毕业资格。

各系按不超过毕业设计(论文)总答辩人数 5% 的比例统一评选出学院级优秀毕业设计(论文),于答辩结束后一周内,将学院级优秀毕业设计小论文(约 1000 字,由指导教师审阅签名)的电子文档按要求格式送交学院答辩委员会,以便组织参加校级优秀毕业设计(论文)的评选。

第八阶段:资料归档及考核评价。在毕业设计(论文)答辩工作全部结束后,毕业设计指导委员会组织人员对毕业设计(论文)教学过程中形成的原始资料进行归档,并对指导教师的指导工作进行考核评价。

4.3 毕业设计的选题原则

毕业设计(论文)教学过程中,选题的好坏直接关系到论文的学术价值和使用价值、新颖性、适用性以及写作的难易程度等。合适的课题能使指导教师与学生充分发挥自身的优势,促使教与学两方面都得到收益和提高。毕业设计(论文)选题要遵循科学性、创造性、应用性、可行性原则,突出学生动手能力和创新精神的培养,具体应做好以下几方面工作:

(1)毕业设计课题必须符合本专业的培养目标及教学基本要求,体现本专业基本训练内容,使学生在毕业前得到全面的锻炼与检验。

(2)课题应尽可能结合生产、科研、实验室建设、教学建设等任务,要有一定的先进性和实用性,目的在于强化学生的专业基础知识,增强学生的专业应用能力,加深学生对专业知识的研究与领悟。

(3)课题应在理论方面有一定水平,类型可以多种多样,符合学生的实际能力,以学生基础为依据,尽量包含理论分析、设计计算、实验、调研等方面,明确研究任务和研究对象,既能达到对学生进行培养训练的目的,又能为学生留出发挥创造性的余地,也有利于课题的高质量完成。

(4)课题应力求有益于学生综合运用多学科的理论知识与技能,不同学科间互相渗透、互相交叉,有意识地引导学生勇于挑战综合性课题,以提高学生的思维能力、自学能力、钻研与探索能力等。

(5)课题应保证在毕业设计教学计划规定的时间内,学生在指导教师的指导下,经过努力能够完成课题。因此,选题分量和难易程度要适中,内容既要结合实际,有一定的探索性,又要贯彻"少而精"的原则,否则学生难以完成。对于结合生产和科研的课题,要求学生取得阶段性成果。

(6)每个学生的毕业设计(论文)题目原则上应不相同,对于需要一个以上学生共同完成的题目,要明确每个学生独立完成的任务,分出子题目,同时也要使学生了解整个课题的情况。

(7)选题的分配采取学生自选与各系分配相结合的办法,选题一旦确定,一般不得中途更换。

(8)同一内容的题目不能多次连续使用,知识面过窄、达不到综合训练要求的题目不能使用。

(9)选题需提交系或教研室讨论,以确保毕业论文题目的质量和适当的难度,以及实施的可行性和题目结果的可预测性。学生自选或自拟题目,需经系或教研室讨论,系(室)主任审核同意。

4.4　毕业设计的课题类型

为了全面提高毕业设计的效果,根据毕业设计课题的选题原则,毕业设计的课题类型有工程设计型、理论研究型、软件开发型和硬件开发型四种。

1. 工程设计型毕业设计(论文)

1) 工程设计型毕业设计(论文)的范围和领域

工程设计型毕业设计(论文)题目多属于系统方案设计范畴,其领域可包括:电子系统、光电检测系统、光通信系统、光网络系统、光传输系统、光电显示系统、微电子系统等的构建与组织等。

2) 工程设计型毕业设计(论文)的内容要求

(1) 对课题的现有工程技术状况做出详细的分析。

(2) 掌握课题现有技术的评定标准、接口标准与参数标准等。

(3) 根据不同类型的工程实际情况提出课题总体设计方案。

(4) 对课题总体方案的各子系统进行设计。

(5) 确定各子系统的设计方案的技术参数与接口。

(6) 对所设计方案进行可行性论证,应包含器件、设备等的造价。

(7) 掌握所设计工程未来技术应用方向以及自己毕业设计(论文)的不足之处和改进思路。

3) 工程设计型毕业设计(论文)的基本要求

(1) 完成毕业设计(论文)任务书中所规定的设计目标和任务。

(2) 画出方案设计图,应对所使用的设备注明接口、型号和主要参数等数据。

(3) 须对设计方案进行答辩论证。

(4) 涉及软件的部分应能进行仿真并演示仿真结果。

2. 理论研究型毕业设计(论文)

1) 理论研究型毕业设计(论文)的范围和领域

理论研究型毕业设计(论文)属于分析仿真研究范畴,其领域应包括:现代光通信、光信息技术、电子电力技术、激光技术等新技术所涉及的最新理论、系统设备设计方面的研究与技术分析等。

2) 理论分析型毕业设计(论文)的内容要求

(1) 对所研究课题方向的国内外现有技术理论做出详细的分析。

(2) 掌握课题现有技术理论的数学模型以及技术参数标准。

(3) 根据实际情况对课题所涉及的理论进行分析研究。

（4）在课题方向调研分析结果的基础上建立数学模型。

（5）对所建立的数学模型进行论证和软件仿真。

（6）根据仿真结果得到的技术参数对理论进行验证。

（7）掌握研究课题的技术发展方向以及自己毕业设计（论文）的不足之处和改进思路。

3）理论研究型毕业设计（论文）的基本要求

（1）完成毕业设计（论文）任务书中所规定的设计目标和任务。

（2）对所建立的新的数学模型进行详细的论证。

（3）技术参数的验证必须通过软件仿真来分析。

（4）演示仿真结果并就数学模型的分析、建立等过程进行答辩论证。

3. 软件开发型毕业设计（论文）

1）软件开发型毕业设计（论文）的范围和领域

软件开发型毕业设计（论文）项目多属于软件技术范畴，其领域应包括：通信技术、信息技术、电子线路 CAD、数据库等所涉及的应用软件、系统软件、协议、信令、网站等的开发。

2）软件开发型毕业设计（论文）的内容要求

（1）对所开发软件的国内外现有技术状况做出详细的分析。

（2）掌握课题现有软件技术的通用标准。

（3）根据所开发软件的要求提出总体设计流程。

（4）对所开发软件总体方案的各子系统进行流程设计。

（5）按照设计流程对课题中的各功能模块进行编程实现。

（6）对所开发的软件进行调试和改进。

（7）掌握所开发软件的技术发展方向以及自己毕业设计（论文）的不足之处和改进思路。

3）软件开发型毕业设计（论文）的基本要求

（1）应完成毕业设计（论文）任务书中所规定的设计目标及任务。

（2）画出总体、子系统模块流程图。

（3）所开发的软件设计程序必须进行现场演示验收。

（4）该类型课题以验收成绩为依据进行答辩。

4. 硬件开发型毕业设计（论文）

1）硬件开发型毕业设计（论文）的范围和领域

硬件开发型毕业设计（论文）项目多属于电路设计开发范畴，其领域应包括：电子系统、光电检测系统、光传输系统、微电子系统等所涉及的信号处理、传输等技术应用的电路部分、设备部件、控制电路和实验板开发制作等。

2）硬件开发型毕业设计（论文）的内容要求

（1）对课题的现有技术状况做出详细的分析。

（2）掌握课题现有硬件技术的参数标准、评定标准。

（3）根据课题要求提出自己的硬件开发设计方案。

（4）确定的技术参数与选用器件型号。

（5）对所设计的硬件方案进行安装、测试（可以是实验板）。

（6）对所设计的硬件方案测试结果进行分析。

（7）掌握课题未来技术发展方向以及自己毕业设计（论文）的不足之处和改进思路。

3）硬件开发型毕业设计（论文）的基本要求

（1）应完成毕业设计（论文）任务书中所规定的设计目标及任务。

（2）画出设计方案硬件原理图，对所使用的器件注明主要参数和技术指标，要有测试结果分析。

（3）必须对其硬件方案电路进行现场演示论证。

（4）该类型课题以验收成绩为依据进行答辩。

第5章 学好专业知识，提高综合能力

人类刚刚进入21世纪，世纪交替的巨变将冲击着社会的各个方面，教育亦将受到激烈的震荡。工业革命以来的几个世纪里，教育的发展一般是在经济增长之后发生的。然而，进入21世纪后，一个新的现象特别引人注目，即"教育在全世界的发展正倾向先于经济的发展，这在人类历史上大概还是第一次"。与这个现象相适应的是，教育应当为一个尚不存在的社会培养和储备新型的人才，这就是"教育先行"的作用。

目前，一个值得注意的现象已开始出现了，一方面，我国人才缺乏；另一方面，社会又拒绝使用学校的毕业生。这是人才市场双向选择合乎逻辑的结果。对此，无论是学校还是毕业生个人，都不能抱怨，而应当反思：我们的教育到底出了什么问题？表面上看，这似乎仅仅是一个毕业生就业的问题，但实际上是学校培养的毕业生质量不符合要求。

经过四年的大学生活，有的学生无论在功课还是其他方面都能取得可喜成绩，而有的却平庸无奇，以致无聊苦闷、失望痛苦。为什么站在同一起跑线上的人，有的抢先抵达了目的地，实现了理想；而有的却被远远地甩在后面，甚至抱憾终生。不可否认，上述结果的原因是多方面的，但其中一个很重要的因素是学生是否掌握了科学、正确的思维方法、学习方法、工作方法和生活方法。

传统的观念一般是把人的一生划分为成长和受教育时期、工作和做贡献时期、退休和养老时期，但是这种划分方法已不再符合现代社会的实际情况，更不能适应21世纪的要求。实际上，这种界限已变得越来越模糊了，人的整个一生都需要学习，无论是在校的学生抑或是在职人员，都必须转变学习观念，树立"终生学习"的思想。终生勤奋学习，将不只代表一个人的优良品德，同时也成为生存、发展所必需的手段。作为终生学习的课题，21世纪的学习观主要包括学会做人、学会学习、学会生存三方面的内容，而终生学习贯穿于始终。

5.1 提高综合素质，学会做人是立身之本

提高综合素质，是当前人才培养模式改革的又一个重大转变。学生的综合素质包括思想道德素质、业务素质、文化素质、身体心理素质等。加强素质教育不能只重视加强业务素质，更重要的是加强意识培养——民族意识、工程意识、经济管理意识等，并且要与业务素质融合起来。素质教育要改变长期以来科技与人文、专业与非专业不协调的局面，使学生具有较好的综合素质，学会做人。

我国是一个历史悠久的文明古国，历来十分重视立身处世之道。所谓立身，是指培养高尚的思想道德品质，树立正确的人生观，确定做人的价值标准。我国最早的儒家经典《大学》中曾训海道："物格而后知至，知至而后意诚，意诚而后心正，心正而后身修，身修而后

家齐，家齐而后国治，国治而后天下平。"又说："自天子以至于庶人，壹是皆以修身为本。"两千多年以来，这些箴言一直是文人学士们进行道德修养的理论基础，是祖国优秀传统文化的遗产，应当在新形势下发扬光大。

大约在百年之前，西方人曾把中国的落后归咎于儒教的道德说教和社会道德观念。然而，到了 90 年代初，西方人发现：一方面，亚洲"四小龙"的经济腾飞，以中国儒家文化为特征的社会传统曾是成功的原因；另一方面，西方国家工业化后，社会暴力、吸毒、艾滋病、家庭破裂和非婚生育等问题日趋严重。于是，一些西方的开明人士抛弃了历史的偏见，把希望的目光投向了东方文化。

要特别注意的是，全世界健在的诺贝尔奖得主于 1988 年在法国巴黎召开会议，在会议结束时发表的宣言中指出："如果人类要在 21 世纪生存下去，必须回头 2500 年，去吸收孔子的智慧。东方文化经过重新提炼，必将焕发青春，鉴照今天与未来。它属于中国，也属于世界；它属于过去，也会照耀未来。"的确，"天下英雄所见略同"，早在十几年以前，梁漱溟先生就说过："中国传统文化，是人类未来文化之早熟，世界的未来，将是中国文化的复兴。"这边是中国文化的巨擘，那边是西方的科学巨匠，他们的见解是那么的不谋而合，这无疑揭示了新世纪与东方文化之间的某种内在的联系。

那么，东方文化的内核是什么呢？它在未来的世纪中又将起到何等的作用呢？英国著名的历史学家汤因比说过："今后的世界将以东亚为中心，中日韩将成为东亚的轴心，把全世界统一为一个地球村。"哈佛大学教授洛吉也认为："西洋文化是个人主义文化，而东方文化是集体主义文化。在今后的世界经济战中，集体主义文化将比个人主义文化占优势。"

从内涵来说，东方文化的主流乃是以孔子为代表的儒家文化。孔子是中国教育的鼻祖，被尊称为"至圣先师"。曾有人评价孔学说："孔子一生的学问，就是发现了'仁'字的真义，'仁'字从人从二，其意义就是非一人生存之私而为二人以上共生共存之人际关系，亦即是公。所以孔学可称为仁学，其所重视的问题就是人道，俗称'做人的道理'，亦可称之人理。"正是基于这种理念，人民教育家陶行知先生才提出了"千教万教教人求真，千学万学学做真人"的箴言。

目前，一个值得注意的现象已开始出现了。一方面，我国人才缺乏；另一方面，社会又拒绝使用学校的毕业生。这是人才市场双向选择合乎逻辑的结果。对此，无论是学校或是毕业生个人，都不能抱怨，而应当反思：我们自己到底出了什么问题？表面上看，这似乎仅仅是一个毕业生就业的问题，但实际上是学校培养的毕业生质量是否符合要求的问题。这里所说的质量是指大学毕业生的总体素质，既包括思想素质又包括业务能力。坦率地说，从总体上看，我国大学生的形象并不太佳，主要表现是：缺乏鲜明的个性，不能正确地设计自我、实现自我和超越自我；怕艰苦，轻视实践，眼高手低，不愿从事基层工作，更瞧不起细小的具体工作；心理素质差，经不起挫折，只能适应环境，而缺乏改变逆境的能力；竞争观念薄弱，更缺乏团体意识，不善于合作与协调；作风懒散，信时、守时观念差，工作效率低下等。凡此种种，都属于大学生的思想素质问题，也是做人方面的最基本问题。不客气地说，现在已经到了整顿大学生那种文文弱弱、自由散漫、不思进取、怕艰苦、爱偷懒的作风的时候了！必须重新塑造新时代成功人物的形象。

怎样实施大学生学会做人的教育呢？这既是学校教育的责任，也是大学生自我修养的任务。无疑，学会做人不可能一蹴而就，不仅应成为大学生在学习期间的修身课题，而且应当贯穿于生命的始终。但是，大学毕竟是学生长身体、长知识的重要阶段，是人的一生人格定型的重要时期，是人的生命的黄金时代。因此，大学生应当抓紧自己的修身教育，为提高综合素质、学会做人奠定坚实的基础。具体来说，大学生可以从以下几方面完善自己。

1. 重视以伦理学为主的修身课

这是中华民族的道统，亦是做人的基本内容。所谓"道统"，就是以"仁"为中心的道德体系，"仁"是儒家学说的精髓。《论语》是记载孔子思想的一本儒家经典，全书共 20 篇，492章，约 12 000 多字，"仁"字出现了 109 次；《孟子》一书共 7 篇，讨论到"仁"字的地方共 158次。"仁"是论述做人的道理，而做人的道理属于伦理学的范畴。因此，学会做人必须修身，而修身必须通达伦理学。可以肯定地说，如果不反复熟读儒家的经典，不汲取其中的精髓，那么就很难懂得做人的道理，也就很难成为道德情操高尚的人。

2. 学习文理融合的公共基础教育课程

北京大学百年校庆时，哈佛大学校长陆登庭在"大学校长论坛"作了"21 世纪高等教育面临的挑战"的演说。他认为，大学应提供这样一种教育："不仅赋予他们较强的专业技能，而且使他们善于观察、勤于思考、勇于探索，塑造健全完善的人格。"为此，他提出"大学要重视对人文学问的传授"，要求学生"除主修像化学、经济学、政治学或是天文学等一个专业外，还要跨越不同学科，从道德哲学、伦理学到数学逻辑，从自然科学到人文，从历史到其他文化研究广泛涉猎。"实际上，哈佛大学和美国其他大学都在竭尽全力地推行公共基础教育（通识教育），以使大学生们不断地了解他人，更深刻地了解自己，审视自身的信仰和价值，使自己成为符合时代精神的成功的人。

5.2 掌握学习方法，学会学习是成才之要

1. 学会学习是成才之要

在多年大学教育与管理的实践中，我们发现，由于各地的教育条件和教育水平不同，不同地区学生的基础存在差异，但总体来看，学生的基础相差并不大。可是经过几年学习，有的学生在知识、技能和思维等方面进步很大，而有的学生慢慢地却跟不上了，极个别学生则由于不能完成学业而中途被淘汰。这其中虽然有许多影响因素，但学习方法的落后，应是主要原因之一。

联合国教科文组织国际教育委员会在《学会生存——教育世界的今天和明天》的报告中明确指出："科学技术的时代意味着：知识正在不断地变革，革新正在不断地日新月异。所以大家一致同意，教育应该较少致力于传递和储存知识，而应该更努力寻求获得知识的方法。未来的文盲不是不识字的人，而是没有学会怎样学习的人。"随着科学技术的迅速发展，知识信息正以令人难以想象的速度增长。在急剧更新的知识面前，最博闻强记的大脑也无法包容如此巨量的知识信息，一个大学生在大学阶段只能获得他未来从事职业所需要知识的十分之一。比知识更重要的东西，就是方法，就是学会"怎样学习"。

面对学习化社会，学习不仅是学生的任务，也是每个人终生生活的内容之一，因为学无止境。终身勤奋学习，将不只代表一个人的优良品德，也成为每个人生存、发展所必需的手段。因此，在大学阶段重视学习方法的学习就显得非常必要。

　　方法学习就是学生学会掌握、运用各种方法主动探索和创新，从而发现、获取和创造新知识的过程。在大学期间，大学生能否学习和掌握应有的知识内容和科学的方法，是关系到他们能否为实现自己理想、目标提供最佳思路、方案，为通向新世界找到捷径、奠定基础的大问题。靠死记硬背而成为"知识库"型的人才，不可能有创新能力；而缺乏基础知识，沉迷于"异想天开"，也必然做不出创新成果。只有系统掌握科学方法的人，才能少走弯路，不断创新。因为方法的力量在于它本身不是目的，而是具有很大的创造性。在科学技术迅猛发展的今天，方法已经成为人们从事科学活动须臾不可或缺的东西，并且正在成为人们希望有效地把握同时加以推进的对象。

　　在学习方面，大学的学习有别于中学的学习。中学的学习是掌握普通的科学文化基础知识，而大学的学习比中学更深、更系统，是具有专业目标的理论和技能的学习，学习的内容比中学阶段增多，学习的知识理论的难度、深度和广度也比中学阶段大大增加，学习的要求远比中学阶段严格。对于大学的学习，学生不但要掌握所学知识，培养自己应用所学知识去独立分析问题、解决问题的能力，而且还要培养自己的创造性，使之具有开拓创新的能力。大学具有良好的学习环境、完善的教学设备、水平较高的师资队伍，为大学生的学习创造了较为理想的外部条件。大学生能否成才，主要就看自己怎样去学习了。只有掌握了正确的学习方法，学会了怎样学习，大学生才能在各个学习环节中运用这些学习方法，提高学习效率，顺利完成学习任务，并且对于将来在工作中、生活中继续学习提供帮助。

　　在科学研究将揭示更多人的智力秘密的 21 世纪，个人的特点将得到教育的更大程度的尊重，按个人情况设计的不同的学习方式和学习方法将变得十分普遍，人的潜能将因之得到最大的开发。在这种趋势面前，大学生要按照各自的特点和需要，特别设计出最能发挥自己潜能的学习方法。

2．有效的学习方法

　　学习与成才的关系很密切。诸葛亮在《诫子书》中说："夫学须静也，才须学也，非学无以广才，非志无以成学。"可见，学习是成才的基础。

　　那么，什么叫学习呢？从本质上看，学习是由"学"与"习"两个词组成的，代表两层意思。孔子说："学而时习之，不亦说乎？"显而易见，他是把学与习分开的，代表着人们在获取知识过程中的两种活动。所谓"学"，就是模仿，无论是学习间接知识还是直接知识，实际上都是模仿，所不同的是前者是模仿表示各门学科的符号，而后者是模仿某种实践活动；"习"就是温习，即重复。因此，学习就是不断地模仿与重复，直至达到"融会贯通"和"学以致用"的目的。

　　在学习过程中，学会与会学表达的却是两种学习的境界。学会是指从不知到知，表示的是学习的结果；而会学反映的是学习过程，包含有积极、主动的意思。因此，学会只是学习的基本目标，而会学才是学习的高级阶段，是现代科学的学习方法，是成才的关键步骤。

　　那么，怎样才能进行有效的学习呢？根据一些成功人士的经验，这里介绍 3 种有效的学习方法。

　　1）学会自学

　　古今中外杰出的大学问家在治学生涯中，主要是靠自学而获得成功的。联合国教科文组织还专门提出了自学的原则，指出："新的教育精神使个人成为他自己文化进步的主人和创造者。自学，尤其是在帮助下的自学，在任何教育体系中，都具有无可替代的价值。"

我国著名的数学家华罗庚先生自学成才的故事脍炙人口，至今仍传为美谈。他虽然没有机会上大学，但却有很高的数学天分，19 岁就写出了水平相当高的论文，25 岁就成了年轻的数学家。他把论文寄到武汉大学数学系，希望能谋求一个教席，但是该校以学历太低拒绝了他的要求。然而，当时清华大学数学系系主任熊庆来教授却是一位真正的伯乐，他慧眼识才，毅然聘请华罗庚到清华大学数学系执教，从而造就了一位誉满全球的数学大师。纵观人类科学文化发展的历史，类似的杰出的科学家、作家和艺术家，无论在中国还是在外国都是不胜枚举的。如果要一一列举的话，都可以编纂一套自学成才的名人大典了，相信他们与科班出身的名人相比都是毫不逊色的。

也许有人会说，这些都是过去的事了，在科学技术高度发达的今天，是否能够自学成才呢？回答是肯定的。最有说服力的当然是比尔·盖茨，论学历，他仅仅是哈佛大学的一个二年级的肄业生，不仅没有计算机专业的博士学位，甚至连本科文凭也没有获得，但他却成了"计算机革命的点火人，软件的天才与皇帝，是第一个靠观念、智能、思维成为世界首富的人，也是有史以来最年轻的首富。"那么，比尔·盖茨是靠什么成功的呢？应当说，他主要靠自学和自己钻研。从中学到创办微软公司，他都是个"计算机狂"，同时，他独具创造性的素质，例如他的人生哲学："我要赢。赢就是我的哲学，赢本身就是目的"；他的目标，"向前、向前、充满活力"；他的风格："永远先人一步"；他的胆识："向万有引力挑战"——他取得成功的重要原因。

那么，在校学生是否也能通过自学来取得成功呢？回答同样是肯定的。据报道，16 岁的赵梅生在 1996 年以 634 分的高分考入了中国科技大学，可他却是个一天校门也未进过的农村穷孩子。他的体会是："自学是靠自己提出问题，又由自己去解决问题的过程，再难的问题都由自己去攻破。"赵梅生的成功，应当引起整个教育界的反思，要彻底转变教学观念，一定要排除阻力，把自学作为一个普遍的原则认真地加以推广。

2）学会有效地学习

20 世纪 90 年代中期，美国人珍妮特·沃斯和新西兰人戈登·德莱顿合写了《学习的革命》一书，并很快就出版了中译本。尽管作者并不是研究"快速学习方法"的首创人，但他们毕竟认识到知识爆炸的时代特征，敏锐地提出了快速学习方法，开展了一场学习的"革命"。仅从这一点来看，作者是颇有远见的，该书也是有它的现实意义的。

古往今来，不少文人学者在自己的治学过程中，总结出了许多有效的学习方法。如蔡元培的"治学四字诀"（宏、约、深、美），华罗庚的"厚薄法"（先由薄到厚，后由厚到薄），蔡尚思的"开采法"（意为开矿和采蜜），艾思奇的"一箭双雕法"（一边学外语，一边学哲学），杨振宁的"渗透法"（知识相互渗透），等等。长期以来，这些学习方法都只局限于个人的经验之中，或者师生相传的状态，未能形成一门学科。现在，"快速学习方法"已经成为教育学的一个分支，以研究和推广有效的学习方法为目的。我们将"快速学习方法"归纳为六个环节：

（1）保持最佳的学习状态。国外教育学家研究证明，80 ％的学生的学习困难与压力有关。如果排除了压力，就能帮助学生克服学习中的困难。他们还幽默地说，当人们处在压力之下，他们的大脑就"短路"了。只有消除人的思想上的压力，恢复最佳学习状态，才能保证大脑进行正常的思维和有效的学习。

（2）开动全部的学习感官。人无论对外界的感知，还是对间接知识的学习，无一例外的都是通过五个感官形成的五个渠道而获得的。有人在总结爱因斯坦成功的经验时说，他发明相对论的灵感，就是开动全部感官的结果。

（3）学会略读。所谓"略读"，就是粗读、泛读，也叫"观大略"的读书法。这是三国时的诸葛亮倡导的读书法，含义为："观其大略、举其大纲。"

读书为什么要略读呢？这是因为在信息时代，书刊简直就像浪潮一样向我们袭来，如果我们不学会略读的技巧，就不能广泛涉猎知识。事实上，任何书籍中的知识，有主要的，也有次要的；有实用的，也有无用的；有精彩的，也有乏味的。因此，学生应通过略读，对书刊有一个全面的概貌了解，以便分清主次、难易，以提高学习的效率。

（4）学会多问。我国明代三大儒之一的黄宗羲曾告诫说："学贵知疑，小疑则小进，大疑则大进，疑者觉悟之机，一番觉悟，一番长进。"大思想家、大诗人屈原就是一位勤察多问的学者，他在《天问》一篇中一口气提出了 170 多个"为什么"，可见其观察之细，思考之深，他的渊博学问与此不无关系。

靠自学成才的专业作家聂立珂，不仅创作了大量的文学作品，而且还发明了"四轮学习方略"，其核心还是围绕着提出问题和解决问题而展开的，他的"四轮"实际上也就是四个问题，即学习的问题是什么？为什么会产生问题？怎样解决问题？问题解决得怎么样？据了解，凡采用这个方法的学生，大多取得了优异的成绩。

（5）学会精读。略与精是相对的，略是精的前提，精是略的目的与要求，二者相辅相成。因此，学会精读也是一种重要的学习能力。

所谓"精读"，就是要仔细地阅读，有些要反复地阅读、理解和记忆。一般说来，精读的目的是要掌握书中的重点、攻克难点和深究疑点。

重点是指各门学科中的重要内容，它们要么具有重要的学术价值和使用价值，要么对进一步深入学习有关键的作用。重点是分层次的，每门学科、每本书和每一章节都有各自的重点，这是在学习中需要注意的。

至于难点，对于每个人来说是不同的，通过略读以后，个人应当找出自己不懂的地方，这就是自己学习的难点。当学习者遇到学习中的困难时，切不可绕过去，一定要下决心把它攻下来，最好是自己刻苦钻研。

深究疑点的读书方法，是读书的最高境界。读书万万不可迷信，"唯书、唯古和唯上"都是保守主义的思维方法，殊不知，书本上的知识不仅受着著作者观点的影响，还受着时代的局限性。因此，我们读书学习一定要采取分析批判的态度，对书本知识进行一番"由此及彼、由表及里、去粗取精、去伪存真"的加工，对一切经过实践检验的真理都要尽可能地学习掌握和应用，对于过时的甚至是错误的内容，则应当抛弃，对于前人尚未解决的疑难问题，应当深入研究，不断创造新的知识。在科学史上，这种破除书本迷信的事例不胜枚举，有的人因纠正了某种片面性而拓展了前人的理论，也有人解决了前人的遗留问题而带来了重大的科学发明。

（6）要学会对信息进行记忆、储存和加工。首先应当澄清一个问题，那就是如何对待记忆。我们反对死记硬背，但绝不是忽视记忆的重要性。科学的记忆是有选择的，储存是有规律的，加工是有创造性的。

记忆是十分重要的。现在许多学生不愿记忆，这是不对的。不愿记忆是怕艰苦的表现，是思想懒汉。无论是科学家、作家还是发明家，他们都有惊人的记忆力，这是他们成功的原因之一。记忆力就像人的肌肉一样，越练越发达，只要坚持锻炼，保持良好的心理状态，每个人都会具有良好的记忆力，甚至到老年仍然可以保持旺盛的记忆力。

增强记忆力是有法可循的，方法主要有三：

（1）保持大脑的生理卫生。这是加强记忆力的物质基础，最重要的是保证大脑所必需的营养物质，按照最佳作息时间用脑，开展有益的健脑活动。

（2）要学会激活大脑，挖掘大脑的剩余潜力。人的大脑与人的思想的关系犹如电脑的硬件与软件的关系一样，增强大脑的记忆，就像改进电脑的内存和外存储器一样。激活大脑的方法很多，如树立远大的理想、追求卓越的目标、设置紧急的情境、强化记忆的动机、激发对记忆事物的兴趣、凭借毅力集中注意力等，它们都可达到增强记忆力的效果。

（3）充分发挥"记忆钩"的作用。所谓的"记忆钩"，就是联想，这是加强记忆的一种重要方法。

3）学会研究式学习

研究式的学习方法，也可称为"发现学习法"，这是美国心理学家布鲁纳大力推荐的方法。发现是一个既广泛又深刻的词汇，它不限于寻求人类尚未知晓的事物，还包括用自己的头脑亲自获得知识的一切方法。布鲁纳主张，"一个人要能把学习方法作为有所发明的一项任务"，"人们只有通过练习解决问题和努力去发现，才能学会发现的探索方法"。

研究式的学习方法与传统的学习方法有根本的不同，前者是为发现而学习，走自己的路，创造新的知识；后者仅仅是传授知识，只能接受前人创造的知识。21 世纪是创新的世纪，显然，传统的学习方法已经不适用了，必须提倡研究式的学习方法，在研究中学习，把自己的创造潜能解放出来。

5.3 重视技能培养，学会生存是立足之策

我们通常所说的"立足之地"，寓意为生存的空间，或者是"用武之地"。生存是自然界一切生物的存在形式，其对应的另一面就是非生存，或称"死亡"。按照达尔文的"生存竞争"学说，自然界的同种或异种生物之间通过相互竞争来维持其生存的权利，竞争的结果是"优胜劣汰"，即"适应者存，不适应者亡"。人与所有生物不同，他是具有思维能力的高等动物，不仅有依赖环境生存的一面，而且还具有为生存而适应和改造环境的能力。尽管在 21 世纪，人类面临着"三大危机"（人口增长、环境破坏、资源减少）和"四大瘟疫"（艾滋病、香烟、家猫、癌症）的威胁，但是人类可以凭借着他们的创造力去战胜危机，创造自身赖以生存的各种物质条件。

人的生存不仅涉及与自然界的关系，还必须具有在社会上生存的能力，并承担社会赋予人的各种责任。后者正是本文所强调的重点，下面将从三个方面谈当今大学生如何掌握生存的本领，以适应 21 世纪的需要。

1. 自我设计是学会生存的必要前提

自我设计是人才学中的一个专门术语，意指每个人特别是站在科学殿堂入口处立志成才的广大青年们，从自己的实际情况出发，以自己的人生价值为坐标，以做一个成功的人

为目的，对自己的人生道路进行规划，制订一幅切实可行的蓝图。这个蓝图是人生设计的产品，它与机械设计的蓝图是不同的，实现人生设计蓝图，不可能用机械加工出来，而是要依靠人的创造性来实现。人生设计归根到底必须回答：我是一个什么样的人？我将成为一个什么样的人？我将怎样去实践做一个成功的人？很明显，要正确地回答这些问题，只能是个人的自我设计者，不可能是旁观者或包办代替者。

自我设计是每个人的权利，是一切成功者创业的必由之路。任何一个有理想的人要想达到事业的光辉顶点，就必须学会自我设计。许多大科学家、大文学家在学术上巨大的成就，都是与他们对人生的自我设计分不开的。同时，他们不仅善于自我设计，更重要的是还善于自我实践和自我超越。后者是非常重要的，如果自我设计很好，但不善于实践自我，那么他只能是一个幻想家，自我超越的过程，是自我否定和再创造的过程，是人生价值的升华。它的深刻意义正如文艺复兴时期法国启蒙思想家蒙田所阐明的："一个人一旦超越了自我，具有把整个人类纳入自我之中的广阔的胸怀，他的责任感和使命感就会使他在天翻地覆、轰轰烈烈的新旧交替时代，充当新时代的号手和旧时代的批判者。"当前世界刚刚翻开新的篇章，多么需要这样的新时代的号手来推动世界的变革和科学技术的创新！这样的优秀人才从哪里来呢？无疑，他们必定会从那些最善于自我设计、自我实践和自我超越的大学生中涌现，他们不仅是未来社会最具适应性的生存者，还是新时代的创造者！

2. 创造力是生存竞争的永恒动力

在 2500 多年以前，古希腊哲学家赫拉克利特曾说："除却变化，别无永恒之物。"对于客观物质世界，我们可以把物质自身的变化视为推动宇宙运动的动力；从人类社会和科学技术进步的角度来看，它们还受着效价无比的另一种巨大力量的推动，那就是人类的创造力。人类在 20 世纪的科学发明成果，超过了有史以来的总和，我们今天所享受的一切工业文明，都是从前所没有的。

在知识经济时代，企业之间的竞争是激烈的。怎样才能在生存竞争中立于不败之地呢？无论是企业还是个人，最重要的是不断创新。世界最年轻的首富比尔·盖茨的创业史，就是不断创新的历史。他 11 岁办公司，13 岁发明了第一个软件，他的公司从 900 美元起家，到 1995 年创造了 139 亿的财富，1996 年达到 230 亿，1997 年是 378 亿美元，1998 年猛增到 580 亿。由于这巨大的成就，他被誉为"电脑帝国的拿破仑""信息时代的福特"等。他的荣誉和财富何以得来的呢？当然来自于他的创造力和微软公司的不断创新。他誉满全球，富甲天下，但他至今仍然保持着旺盛的创造力，"永远先人一步"。他告诫说："若不创新，别看现在家底厚，哗啦啦大厦倾，没有几日就会一穷二白。"

海尔集团创造了中国企业的神话，获得很多国际国内信誉，其中，2005 年 6 月荣获"中国最有价值的品牌"，在上榜的 25 个品牌中，中国海尔集团排第五位，是中国唯一。前五位分别是宝马、微软、奔驰、可口可乐、英特尔。海尔集团成立 20 年来，平均每天开发两个新产品。其发展的主题是速度、创新、战略事业单位（SUB），其文化的核心是创新。

像比尔·盖茨这样的巨富和海尔集团这样的企业，尚且需要不断地创新，更何况每一个普通企业和每一个普通创业者，就更需要大力创新。创新源于人的创造力，而创造力需要创新教育来开发。因此，当代大学生应当把培养创造力放在首位，包括创造性的个性，创造性的观察能力、思维能力和实践能力。可以肯定地说，唯有具备创造性的人，才是最具有生存能力的人。未来社会的成功者，只属于那些最富有创造力的人。

3. 实用技能是生存竞争的重要资本

我们评判一个人的能力，不仅要考核他的智能，还要看他的实际技能，二者并不是一回事。一个智商很高的人，如果没有实际的操作能力，就可能解决不了任何实际问题。

在当今时代，技能变得越来越重要，将成为人们就业和创业的重要资本。而早在 1998年，出席美国科学年会的科学家和教育家就曾认为："21 世纪教育的一个重要原则是学校传授给下一代的将不只是知识，更重要的是技能。"美国是一个名副其实的教育大国，不仅十分重视学生创新精神的培养，还很重视技能培养。据估计，到 21 世纪初，将有 2100 万个新的产业。为了培养未来的新劳动力，使工业不断进步，美国早在 1989 年 2 月就制订了一个宏大的"2061"教改计划，其主要目的是大力提高学生的数学和自然科学的水准，同时还要求学生攻读十几个"实质性"的课程，掌握未来工作和生活必需的技能。例如，学校要求学生知道原子能电站是怎么发电的，一旦发生了核事故，应当怎么防护等；甚至要求学生懂得电灯工作的原理，掌握电路故障检修的技术。其实，这些都是科技常识，也应是每个人生存的必备技能。

长期以来，基础教育阶段过分重视分数的高低，而忽视了技能的培养，其结果是导致学生高分低能，对实际工作适应性很差，当然更谈不上从事创造性的工作了。为了适应时代的发展以及在职业竞争中生存下去，当代大学生必须掌握以下 12 种技能：

（1）能够运用英语进行交流的能力。

（2）熟练地运用计算机和网络技术进行学习、工作和生活的能力。

（3）能够运用数学、逻辑学和推理技巧，并通晓统计学。

（4）能够运用现代应用科学知识和高新技术中的某些技术，如光电子技术和通讯技术等。

（5）必须具有收集、加工、存储和传递信息的能力。

（6）必须具有一定的决策与管理能力。

（7）未来社会既需要竞争又需要合作，因此必须具备竞争与合作两种优良的素质。

（8）必须具有良好的口头和书面表达能力。

（9）应当具有较强的人际交往、公关、自我表现和自我推销能力。

（10）具有广泛的阅读量和深刻的理解能力，这是不断更新知识和技能、实行"终生学习"所必需的。

（11）了解世界地理、历史、文化和国际事务，这是面向世界和走向世界所需要的。

（12）掌握实用的法律知识，这是开创事业和保护自己的需要。

当然，适应未来社会的必备生存技能还远不止这些，而且特殊职业还需要特殊的专业技能。但是对于绝大多数人来说，如果掌握了上述的生存技能，那么他们就不仅仅是一个适应于社会的生存者，还一定会是一个不断有所发现、有所发明、有所创造、有所提升的成功的人。

第6章　电子科学与技术专业的就业与考研

21世纪，随着现代科学技术的飞速发展，人类历史进入了一个崭新的时代——信息时代。支撑这个时代的诸如能源、交通、材料和信息等基础产业均将获得高速发展。信息时代，科学的基础是微电子技术和光电子技术，它们同属于教育部《授予博士、硕士学位和培养研究生的学科、专业目录》中的一级学科——电子科学与技术。

电子科学与技术专业是由光学、激光、电子学和计算机技术与信息技术相互渗透而形成的一门高新技术交叉学科，培养具备物理电子、光电子与微电子学领域内宽广的理论基础、实验能力和专业知识，能在该领域内从事各种电子材料、元器件、集成电路乃至集成电子系统和光电子系统的设计、制造和相应的新产品、新技术、新工艺的研究与开发等工作的高级工程技术人才。

我国"十一五"规划的建议书曾将信息产业列入重点扶植产业之一，中国军事和航天事业的蓬勃发展也必然带动电子科学与技术产业的发展和内需。国内电子科学与技术产业将有一个明显的发展空间，高科技含量的自主研发产品将进入市场，形成自主研发和来料加工共存的局面；国有大、中、小企业的分布和产品结构趋于合理，出口产品将稳步增加；高技术含量产品将向民用化发展，必然促进产品的内需和产量。在全国电子科学与技术的科研、教学、生产和使用单位的共同努力下，我国已经形成了门类齐全、水平先进、应用广泛的电子科学与技术专业的科学研究领域，为我国科学技术、国民经济和国防建设做出了积极贡献。随着社会对人才的需求逐步扩大，电子科学与技术专业总体就业前景良好。

电子科学与技术专业的教育质量、规模、结构应该适应生产力的发展需要，因此会受到行业市场冷热的影响。若成为热门专业，必然导致优秀生源增加，从而使教学质量提高，进而使就业率和高层次人才培养比例增加。社会信息化的深入发展需要大量各层次电子科学与技术专业的人才，于是国家教育部有针对性地加大了人才培养力度，进行了电子科学与技术专业本科生、硕士生、博士生的分层次培养。

当前，世界范围内的新一轮科技革命和产业变革正加速进行，综合国力的竞争愈加激烈。工程教育与产业发展紧密联系、相互支撑。为推动工程教育的改革创新，2017年2月18日，教育部在复旦大学召开了"高等工程教育发展战略研讨会"，与会高校对新时期工程人才培养进行了热烈讨论，共同探讨了新工科的内涵特征、新工科建设与发展的路径选择，一致认为我国高等工程教育改革发展已经站在新的历史起点。

国家正在实施创新驱动发展、"中国制造2025""互联网＋""网络强国""一带一路"等重大战略，为响应国家战略需求，支撑、服务以新技术、新业态、新产业、新模式为特点的新经济蓬勃发展，突破核心关键技术，构筑先发优势，在未来全球创新生态系统中占据战略制高点，理工科院校迫切需要培养大批新兴工程科技人才。

电子科学与技术专业的科学研究和产业化的高速发展，为电子科学与技术专业本科生的考研深造和就业、创业提供了宽松的环境。同学们完成大学学业后，部分人继续深造，攻读硕、博士学位，部分人走入社会，参与国家建设，从事有偿的社会活动，既就业。然而，每年的高校毕业生有数百万，考研、就业竞争之激烈可想而知。那么，如何才能顺利考研、就业呢？本章简要介绍电子科学与技术专业本科生的就业和报考研究生的相关问题。

6.1 电子科学与技术专业本科生就业的相关问题

为应对金融危机的挑战、重振实体经济，主要发达国家都发布了工程教育改革前瞻性战略报告，积极推动工程教育改革创新。我国高等工程教育要乘势而为、迎难而上，抓住新技术创新和新产业发展的机遇，在世界新一轮工程教育改革中发挥全球影响力。

高等工程教育培养的是高质量的工程技术人才，培养适应 21 世纪需要的工程师，而工程师的天职是在生产现场解决工程实际问题。电子科学与技术专业培养适应 21 世纪社会主义现代化建设所需要的德、智、体等全面发展的高素质的从事先进电子材料与器件、光子材料与器件、微电子技术与芯片、大规模集成电路与系统、光电子器件与集成光学、微波技术与器件、数字化电子信息系统理论与技术以及计算机辅助设计和测试技术等方面的科学研究、设计制造、运行与管理的富有创新精神的应用型高级科学技术与工程人才。

1. 毕业生就业范围

电子科学与技术专业的就业范围非常广泛，其原因是我国已经形成了门类齐全、水平先进、应用广泛的电子科学与技术专业的科学研究领域，规模宏大的电子科学与技术产业格局已经成为我国社会主义现代化建设的重要标志之一。现代社会已经给予每一位毕业生很大的发展空间。毫不夸张地说，任何企业、行业都离不开电子科学与技术，都需要电子科学与技术专业人才提供更好的服务。毕业生就业的范围一般有：

(1) 在教学机构与研究院所从事电子科学与技术的教学与研究等。

(2) 在制造企业中从事设备的产品设计、开发、生产、调测、销售与技术服务等，如华为、大唐、小米等。

(3) 在软件开发企业中从事软件系统的设计、分析、开发等，如 Android 的开发等。

(4) 在电信运营企业中从事设备的维护、管理等，如中国移动、中国联通、中国电信、网通等。

(5) 在工程企业中从事工程设计与设备的安装、调测及其他有关的工程施工，如中国通信建设总公司等。

(6) 在其他企事业单位中从事信息系统与设备的维护与管理，如政府、大型能源企业等。

近年来，硬件电路设计与制作能力强，或者应用软件系统开发能力强，或者能熟练应用单片机、DSP、PLC 等信号处理与控制设备的毕业生，很受用人单位的欢迎。

2. 毕业生就业程序

在大学学习的第七学期，学生将面临就业与考研的抉择，国家从 1999 年开始不再对高校毕业生进行统一分配，而是通过人才交流会或招聘会由毕业生和用人单位进行双向选择。一般从每年的 11 月份到第二年的 4 月份，学校将对毕业生在就业程序及注意事项方面进行就业指导。

每位毕业生持有一式三份的就业协议书。毕业生在人才交流会或招聘会上与用人单位进行双向沟通，经过笔试、面试等环节后，若毕业生与用人单位达成就业协议，则用人单位、毕业生、学校三方分别在三份就业协议书上盖章（签字），三方各执一份，就业协议生效。要注意：在协商中，同学们要力争将违约金降到最低，违约金特别高的单位要慎签。另行约定的双方权利义务，如约定的社会保险、休假等福利待遇，须在备注栏中说明，以防用人单位说一套做一套。

学校按照毕业生签订的就业协议，在每年 5～6 月份到教育主管部门办理毕业生派遣证，毕业生凭就业协议书、派遣证到所签协议的用人单位报到，完成档案转移手续。

最后阶段是与用人单位签订劳动合同。我国《劳动合同法》明确规定，"用人单位招用劳动者时，应当如实告知劳动者工作内容、工作条件、工作地点、职业危害、安全生产状况、劳动报酬，以及劳动者要求了解的其他情况；用人单位有权了解劳动者与劳动合同直接相关的基本情况，劳动者应当如实说明。"另外，劳动合同期限 3 个月以上不满 1 年的，试用期不得超过 1 个月；劳动合同期限 1 年以上不满 3 年的，试用期不得超过 2 个月；3 年以上固定期限和无固定期限的劳动合同，试用期不得超过 6 个月。

3. 用人单位对毕业生的基本要求

毕业生在与用人单位进行双向交流的时候，用人单位首先要了解毕业生的有关情况，只有符合用人单位要求的毕业生，才有可能与之签订就业协议。用人单位需要具有较高综合素质、在工作岗位上能胜任基本业务并具有较好的发展潜能的毕业生，通常会从以下几方面考查毕业生：

1）良好的公共道德素质

该项主要考查毕业生能否遵守国家法律法规和单位的规章制度，能否对自己的工作负责，能否与他人团结协作，行为是否文明，能否诚实地对待工作学习中的问题，能否积极地缓解走入社会后的心理压力等。招聘人员通过与毕业生交谈、询问毕业生在校期间的表现、对一些热点问题的看法或问卷调查来对毕业生的基本素质进行评价。

2）扎实的专业知识与实践能力

用人单位不仅要看毕业生在大学期间各门专业基础与专业课的成绩，更要考查毕业生的实践动手能力，因为课程考试成绩高不一定能力强，所以，用人单位会优先考虑在校期间在科技竞赛中获奖或自己设计制作过硬件电路或编写过应用软件的毕业生。当然，用人单位会用多种方式对毕业生的实践能力进行考核与证实，如要求毕业生对自己设计制作的硬件系统或编写的程序进行说明，或对毕业生进行专业知识与技能的问卷考核等，以便考查毕业生能否在以后的工作中按要求出色地完成任务。

3）较强的创新能力

用人单位不仅会要求员工能出色地完成所安排的各项工作，而且希望员工能提出新的技术思路、管理思路等，为单位创造更大的经济效益。比如对产品进行改进，提高产品的市场竞争力；提出新的工艺流程或管理程序，提高单位的资源利用率等。招聘人员与毕业生进行交谈，观察毕业生对一些技术问题和生活问题的理解与看法，以判断毕业生的思维是否活跃，解决问题是否切合实际，结合对专业前沿理论知识和新技术的敏感度来判断毕业生是否具备一定的创新能力。

4）良好的外语沟通能力

在经济全球化的背景下，只有加强国内外合作，社会经济才能长远发展。很多用人单位都要求毕业生有良好的外语应用能力，而外资企业和中外合资企业对外语的沟通能力要求更高。一些企业招聘需要看毕业生取得的社会认可的外语考核证书或成绩，而另一些企业会自己组织毕业生进行外语能力考核。只有达到企业要求的外语水平，毕业生才能与之签约。

不同工作性质的用人单位对专业知识的要求有所不同，比如硬件电路工程师被要求熟知各类电路理论知识，电路设计能力强；应用软件工程师需要对计算机软件知识融会贯通、编程能力强。鉴于此，同学们在大学期间要注意培养自己的专业知识与实践能力，根据自身兴趣发展专业特长，从而在就业时具备较强的竞争力。如果学生能在专业的各个应用方向都很出色，就业的可选择范围会更广阔。

总之，"天生我材必有用"，只要学生在校期间真正掌握了专业知识，具备了学习与实践能力，养成了良好的作风和习惯，树立了坚定的信念，就一定可以在社会中找到适合自己的位置。

4. 毕业生就业的误区

由于有些毕业生的就业观不成熟，步入了就业的误区，结果不能正常就业或就业后很快失业，造成这种结果的不成熟就业思想主要有如下几种：

（1）找工作必须一次到位，只有找到自己理想的单位才签协议。实际上，一个人今后到底适合什么样的单位、什么样的岗位，不是大学毕业时就能完全明确的，毕业生只有在社会中历练自己，才能逐步认清自己的特长与兴趣。现代社会给每一位毕业生很大的发展空间，经过入职培训和工作锻炼后，如果觉得现在的工作或岗位不适合自己，可以更换工作单位或岗位。当然，若单位觉得某个员工不称职，也可以辞退。因此，毕业生应该先就业、再择业或创业，也就是先到社会中历练，增长经验和见识，培养兴趣和能力，认识自己与社会，再选择今后的职业，进而在职业道路上干出一番成绩。

（2）大学毕业必须找到一个待遇好的工作。用人单位提供的待遇是与单位的效益以及员工对单位的贡献紧密相关的，毕业生初到一个岗位时，是不可能为单位创造很大效益的，这时要求单位提高待遇是没有理由的。只有当毕业生知道自己能创造什么样的效益时，提出相应的待遇才能让人理解并接受。所以，就业时，待遇不是首要问题，关键要看单位是否有发展前景，是否有更广阔的个人发展空间。

（3）必须在一线城市或沿海城市找工作。毋庸置疑，大城市、大企业的发展机遇更多，但同时就业竞争也更激烈，而中小城市的发展急需各类人才，对人才比较重视，是毕业生发挥自己聪明才智的广阔天地，同时也会给毕业生提供磨炼意志、锻炼能力、积攒经验的时间和机会，为毕业生将来的发展打好基础、提供空间。

（4）必须找到与自己专业完全对口的工作。大学教育的目标是培养人的终身学习能力、适应社会和自我生存的能力，培养人的自我认知能力以及专业素养。在大学里，学习的知识种类很丰富，知识面很广，专业知识只是更突出一些。比如，有许多企业的管理岗位的职员本来的专业并不是企业管理，许多政府官员的专业也不是行政管理，而许多信息技术的专家却是学数学专业或物理专业的。因此，就业时，毕业生应结合专业，重点考虑自己的综合水平能否胜任这份工作，以及工作本身能否帮助自己提升能力，能否在未来有更广阔的前途。而如果毕业生找到了专业对口的工作，却不适合所在的工作岗位，也很可能被单位辞退，需要二次就业。

（5）只想考研，追求高学历，认为学历越高，越能找到好的工作，从而提高社会地位和待遇。一个人在社会中的地位和待遇反映着他对社会的贡献，如果他只知道书本上的知识，而不能把知识应用于解决社会实际问题，是不能对社会有所贡献的，也就谈不上要求社会给予什么样的地位和待遇。毕业生如果在本科阶段不注重理解知识，灵活运用知识，就难以提高自己的能力，以致走向社会后不能进行有效的社会劳动、价值创造，那么，无论他学历有多高，都难以得到社会的认可。考取研究生是提高自己知识和能力的一个途径，是为了更好地为社会服务，如果经过实际工作的历练，了解实际工作中的技术问题，再读书时，会针对实际问题有目的地展开学习，会更加珍惜再学习的机会，并从各个方面更快地提高自己。

综上所述，在大学的学习生活中，学生要及时端正自己对事物的态度和认知。此外，毕业生在与用人单位交流时夸大自己的特长，谈吐和举止不文明，也是用人单位所不欣赏的，而这些都需要在平常的学习生活中养成良好的习惯和素养。

5. 相关行业的现状与发展趋势

1）光电子技术相关行业的现状与发展趋势

光电子产业覆盖信息光电子、能量光电子、消费光电子、军事光电子、软件与网络等领域。光电子技术不仅全面继承兼容电子技术，而且具有更广阔的应用范围，是 21 世纪最具魅力的技术。光电子技术产业化的内容涉及七个方面：作为光子产生、控制的激光技术及相关的应用技术；作为光子传输的波导技术；作为光子探测和分析的光子检测技术；光计算与信息处理技术；作为光子存储信息的光存储技术；光子显示技术；利用光子与物质相互作用的光子加工与光子生物技术。

以上技术内容形成了光电子行业的五大类产业格局：光电子材料与元件产业、传统光学（光学器材）产业、光信息（光资讯）产业、光通信产业、激光器与激光应用产业。光电子产业的构成如图 6-1 所示。

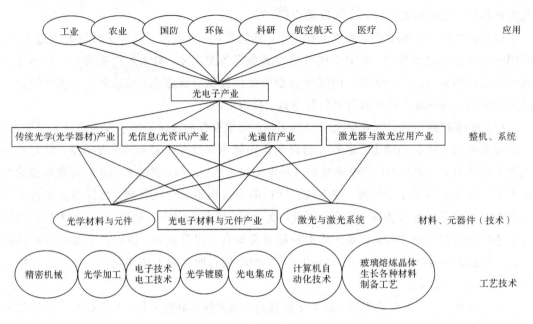

图 6-1 光电子产业的构成示意图

(1) 全球光电子产业发展状况。

近年来，许多国家，特别是工业发达国家，都在大力发展光电子技术和产业，虽然 2000—2002 年光通信领域出现较大滑坡，但全球光电子产业已经逐渐走出"低谷"进入复苏期。光电子产业不但是蓬勃发展的国家支柱产业，更是其他传统和新兴产业发展的基础。产值指标一路扶摇直上，到 2009 年，全球光电子产业产值已突破 3530 亿美元，全球光电子市场仍持续以两位数的速度增长。正是这种快速增长的产业发展速度，吸引了众人的眼球，带动了世界各国光电相关产业的发展，同时也导致了光电相关资源的紧俏，特别是光电技术专业人才的大量需求，对世界各国教育的发展提出了新的要求。发展光电子产业的重要性显而易见，但光电子产业是资本、技术密集的产业，需要巨大的投入和雄厚的技术支持。目前，日本、美国及欧洲的技术领先国持续投入光电子产业，亚太新兴国家也在积极发展光电子产业，光电子产业对各国经济增长的贡献度也越来越高。未来，随着各国的争相投入，光电子产业市场竞争将愈见激烈。

美国和日本的光电子产业发展现状与趋势具有代表性。美国商务部指出："谁在光电子产业方面取得主动权，谁就将在 21 世纪的尖端科技较量中夺魁。"日本《呼声》月刊也有类似的评论："21 世纪具有代表意义的主导产业，第一是光电子产业，第二是信息通信产业，第三是健康和福利产业……"可以断言，光电子技术将继微电子技术之后再次推动人类科学技术的革命。以美国为例，在 1995 年至 1998 年期间，信息产业占美国 GDP 的 8%，但它对美国实际的经济增长贡献率则达到 35%，而信息产业的发展与光电子技术的发展有着紧密的联系，随着信息技术的发展、大容量光纤通信网络的建设，光电子技术将起到越来越重要的作用。美国将光电子技术的应用领域分为民用和军用两大类：民用包括计算、通信、娱乐、教育、电子商务、公共卫生和交通运输；军用包括部队指挥和控制系统、照相、雷达、飞行传感器和光制导武器。

根据台湾光电子产业发展学会的统计报告，我国台湾地区的光电子产业发展突飞猛进，成为高速增长产业，产值从 1983 年的 83 亿新台币猛增到 2002 年的 4938 亿新台币。其增长趋势如图 6-2 所示。

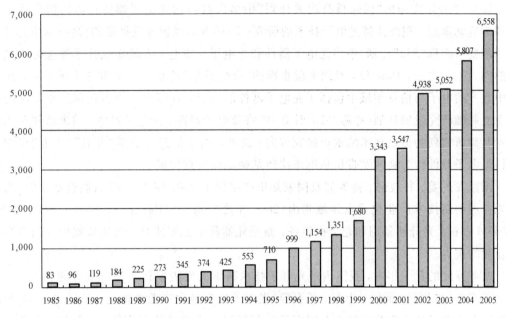

图 6-2　台湾光电子产业的年产值(单位：亿元新台币)

（2）我国光电子产业发展状况。

我国内地的光电子技术行业一直跟踪国际最新的发展态势。早期光电子技术的发展可以追溯到激光产生的年代。1957 年，王大珩等在长春建立了我国第一所光学专业研究所——中国科学院(长春)光学精密仪器机械研究所(简称"长春光机所")。在 1960 年世界第一台激光器问世后一年，在王之江的主持下，我国第一台红宝石激光器研制成功。此后短短几年内，激光技术迅速发展，产生了一批先进成果。各种类型的固体、气体、半导体和化学激光器相继研制成功。在基础研究和关键技术方面，一系列新概念、新方法和新技术(如腔的 Q 突变及转镜调 Q、行波放大、镧系离子的利用、自由电子振荡辐射等)纷纷提出并获得实施，其中不少具有独创性。

1964 年，我国内地第一激光专业研究所，也是当时世界上第一所激光技术的专业研究所中国科学院上海光学精密机械研究所(简称"上海光机所")成立。1964 年启动的"6403"高能钕玻璃激光系统、1965 年开始的高功率激光系统和核聚变研究，以及 1966 年的研制 15 种军用激光整机等重点项目，因其技术上的综合性和高难度，有力地牵引和带动了激光技术各方面在中国的发展。

1987 年，中国光学光电子行业协会成立于上海，这是全国从事光学、光电子科研、生产、教学等企事业单位自愿组合并经民政部批准的具有法人资格的社会团体。下设激光专业分会、发光二极管显示器分会、液晶专业分会、激光全息专业分会、光学元件和光学仪器分会。

光电子器件是信息光电子技术领域的核心，是构建我国现代高速信息网络的基础。我国政府和行业主管部门历来都对光电子器件行业的发展十分重视，为了提高和加强行业内企业的技术和产品的竞争力，国家和有关部门在过去的 20 多年里制定了许多相应的产业政策和措施支持光电子器件行业的发展。

1983 年开始实施的"国家科技攻关计划"中多次将包括光电子器件在内的信息技术项目列为选题重点，积极扶持光电子技术的研究；1986 年，经国务院批准的《高技术研究发展计划纲要》(亦称"863"计划)中将光电子器件和光电子、微电子系统集成技术等选为信息领域的四大主题之一；1988 年，经国务院批准的"火炬计划"选出了 7 个重点发展领域，作为其中之一的电子与信息领域中包括了光电子器件的项目；1997 年，由科技部组织实施的国家重点基础研究发展计划(亦称"973"计划)中将微电子器件、光电子器件、纳米器件和集成技术基础研究列为信息技术的重点研究方向；此外，国家信息产业部"九五""十五"规划中都将光电子器件作为高速宽带信息网络构建基础加以重点发展。

国家发改委、科技部、商务部及国家知识产权局于 2007 年 1 月 23 日联合发布的《当前优先发展的高技术产业化重点领域指南(2007 年度)》将 10 Gbit/s、40 Gbit/s SDH 设备、DWDM 设备、光分插复用和光交换设备、新型元器件中光集成及光电集成器件等列为当前产业化的重点。

改革开放的几十年来，我国内地光电子技术科学的发展取得了前所未有的进步。一是建立了多个(如北京、武汉、上海、长春等)光电子成果转化产业基地。二是已建立 11 个国家级重点光电子技术实验室和 5 个国家教育部所属的光电子重点实验室；5 个激光光电子国家工程研究中心(NERC)，包括 CD、激光加工(LP)、光纤通信(OFCT)、光电子器件；4 个激光光电子国家工程技术研究中心(NERTC)，包括固体激光工程技术、光学仪器工程技术、特种显示工程技术和平板显示工程技术。三是自 2000 年以来，各地兴建光电子技术产业发展园区，目前国内已有十数个光电子产业基地，上海、武汉、深圳、广州、长春、北京、合肥、西安、重庆等城市的光电子产业具有相当的规模。四是在深化机构体制改革和运行机制改革过程中，中国已形成了一大批光电子产业单位群体，其中有中国兵器工业集团公司、中国兵器装备集团公司、中国电子科技集团公司、中国航天集团公司等，这些集团公司均有从事激光、光电子技术产业的企业，如中国电子科技集团公司所属的从事光电子器件研究的第 8、11、13、16、23、44、46、55 研究所和各生产厂家、公司等，以及全国各地从事激光、光电子技术产业的企业和民营企业，如武汉烽火集团、武汉长飞公司、深圳天马微电子公司、深圳华为技术有限公司、无锡中兴通信公司、中国大恒公司、北京博飞仪器股份有限公司、宁波永新光学仪器有限公司、长春彩晶公司、长春新产业光电技术有限公司，深圳飞通光电股份有限公司、北京光电技术所、恒宝通光电子有限公司、福建华科光电有限公司，以及有关的研究所、大学，例如中科院半导体研究所、中科院上海光机所、中科院上海技术物理所、中科院安徽光机所、中科院西安光机所、中科院成都光电子技术研究所、中科院福建物质结构所、昆明物理所、西安应用光学所、华东电子测量仪器所、武汉邮电科学研究院等，以及北京大学、清华大学、南京大学、浙江大学、上海交通大学、吉林大学、天津大学、东南大学、南开大学和华南师范大学等，这些单位已经形成中国光电子产业的人才培养和产品研发、生产、销售群体。同时，各种中外合资、中外合作的新光电公司还在不断涌现。

近十年来，我国的光电子技术产品市场始终保持着高速增长的势头。随着信息光电子技术、激光加工技术、激光医疗与光子生物学、激光全息、光电传感、显示技术等光电技术的快速发展及其与光电科技与数字技术、多媒体技术、机电技术等领域的结合与渗透，中国已经形成市场可观、发展潜力巨大的光电子产业。

（3）光电子各类产业发展概况。

① 激光产品。

按国际惯用分类方法，激光产品包括激光加工、医疗、印刷、光存储，测距准直、检测、文娱教育中的各种激光仪器和设备，激光器件和通信用激光组件，以及激光用材料元器件和部件等 11 类。

2017 年，激光器销售额将增长至近 111 亿美元，比修订后的 2016 年销售额 104 亿美元增长 6.6%。

德国耶拿（Jenoptik）公司激光部门致力于二极管和超快激光器的汽车、医疗技术和材料加工应用。氮化镓（GaN）功率半导体制造商 Efficient Power Conversion 公司的创始人兼首席执行官 Alex Lidow 说，与硅器件相比，在厘米范围内，GaN 功率半导体器件使激光器发射和检测光子的速度快 100 倍。"最近几年，激光雷达已经成为最热门的激光技术之一，这不是什么秘密，但令人惊讶的是其发展速度：短短 2~3 年时间，技术从谷歌车'好奇号'发展到主流的辅助驾驶技术"。高盛集团在《汽车 2025：全球投资研究报告（第 3卷）》的"自动驾驶汽车的崛起"中预测，到 2025 年，激光雷达市场销售额将达到 106 亿美元。激光材料加工和光刻市场的收入仍然是 2016 年整个激光市场最大板块，达 40.72 亿美元。通信和光存储激光器销售额接近第二，达 37.32 亿美元，其次是科学研发和军用市场的销售额，为 8.77 亿美元。按照销售额递减的顺序，接下来是医疗美容市场，达8.38亿美元，仪器仪表和传感器市场达 6.08 亿美元，娱乐/显示和图像记录市场总和为2.68 亿美元。

在 2016 年，军事领域的激光开支达到 4.06 亿美元，比 2015 年增长 9.40%，表明各国对激光军用技术的需求增加。总体而言，据斯德哥尔摩国际和平研究所（SIPRI）报告称，2015 全球军事支出增加了 1%，达到 1.6 万亿美元，是自 2011 年以来的首次增长。

中国深圳大族激光通过 2016 年初收购西班牙 Aritex 公司的股份，将业务从工业激光器扩展到航空航天和国防相关设备装配。大族激光还于 2016 年 11 月收购了加拿大CorActive公司，以提高其光纤激光器和特种光纤的市场竞争力。

因此，中国公司继续进入高功率光纤激光器制造领域，撼动曾经被欧洲和北美垄断供应的产品领域。2016 年 11 月，中国武汉锐科公司宣布其光纤激光器功率达到 10 千瓦量级，中国航天科技工业公司第四研究所宣布已经开发出了 20 千瓦光纤激光器。

② 光通信产品。

我国现有光纤通信企业三百余家，其中，光纤光缆193家，光电器件46家，光缆材料和配套件企业 22 家，通信专用仪表 9 家，光通信传输设备 50 家。

光通信是网络通信的基本模式，光电子器件则是构建光通信系统的基础与核心。上世纪末到本世纪初，由于密集波分复用技术和掺铒光纤放大器的发展和成功应用，降低了单位带宽的传输成本，使得国际互联网飞速发展成为可能。光通信技术作为当代信息基础设施建设的重要支撑技术之一，在整个基础网络的建设中得到广泛而普遍的应用，处于无可替代的主导地位。

光网络和回传设施的安装，如 100 G 和 WDM 架构正处于蓬勃发展周期。网络组件和设备市场研究公司美国信诺公司报告称，受强劲的 100 G 和相干 WDM 系统销售驱动，光网络系统销售 2016 年同比增长 10%，特别是在中国，长途 WDM 消费额与上一年度同期相比增长了 50%。美国电信行业协会预测，从 2015 年到 2020 年，云计算、商业以太网、健康IT 领域的复合年增长（CAGR）为 13.70%，物联网和网络虚拟化中的机器人领域复合年增长率将达 30%；LightCounting 公司预测，光模块和组件销售在 2017 年至 2021 年的复合年增长率将达 10%。2016 年通信和光存储激光器销售收入达到 37.32 亿美元，较 2015 年的 34.42 亿美元有所增长，主要归因于 100 G 市场增长。

美国科学家团体在著名的《科学美国人》杂志上把光通信技术列为"二战"以后人类最重要的四大科技发明之一。光通信产业的发展关系到国家信息通信安全，处于重要战略地位。全球光传输设备厂商的市场份额情况如图 6-3 所示。

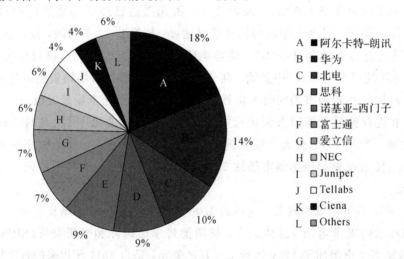

图 6-3 全球光传输设备厂商的市场份额情况

光电子器件处于光通信产业的上游，光电子器件的先进性、可靠性和经济性会直接影响到系统设备乃至整个网络系统的技术水平和市场竞争力，通信系统设备商是光电子器件的主要需求者，设备商对光电子器件的性能要求较高，市场集中度的提升使该行业的竞争趋于有序，同时也提升了通信系统设备商在采购上的话语权。

随着国内通信系统设备厂商综合竞争实力的不断增强，国内厂商已从国外设备厂商手中争夺到了更大的市场份额，逐步成为国际主流的光传输设备厂商。国内通信系统设备厂商与国内的光电子器件商有着更好的合作关系，其在全球市场份额的提升有利于国内光电子器件商扩大销售规模。

光电子器件产业是国家"十二五"规划的重点发展产业，国家向包括光电子技术在内的重要通信技术以及标准提供政策、税收、资金、重点项目优先采购、出口信贷等方面的支持，并大力扶持拥有自主知识产权的通信制造类优势企业。"十二五"规划的出台促进了我国通信制造业的快速发展，并鼓励通信设备等高附加值产品的出口，使我国成为光电子器件产品出口大国。

2017 年 1 月 12 日，国家发改委、工信部制定并印发了《信息基础设施重大工程建设三年行动方案》（下称《方案》）。《方案》中提出，到 2018 年将投资 1.2 万亿元，来基本建成覆盖城乡、服务便捷、高速畅通、技术先进、安全可控的宽带网络基础设施。《方案》提出，将新增干线光缆 9 万公里，新增光纤到户端口 2 亿个；新增 4G 基站 200 万个，实现乡镇及人口密集的行政村 4G 网络全面深度覆盖；互联网应用广泛支持 IPv6 协议。将积极引导社会资本加大有效投资，加强对重点项目的融资支持，鼓励民间资本投资信息基础设施建设。

为保障上述任务和目标的实现，2016—2018 年，信息基础设施建设共需投资 1.2 万亿元，并拟重点推进骨干网、城域网、固定宽带接入网、移动宽带接入网、国际通信网和应用基础设施建设项目 92 项，设计总投资 9022 亿元。在固网宽带建设、升级以及数据中心需求的拉动下。2017 年光通信市场有望继续保持高景气度。

光通信行业的持续繁荣，有望为相关公司如长飞光纤、亨通光电、中天科技、富通集团、光讯科技、烽火通讯等企业带来一定的中长期发展机会。

③ 光电子材料。

我国的光电子材料研究已进入应用和产业化的发展阶段。在半导体光电子材料方面，根据 2002 年中国电子材料行业协会提供的统计数据，GaAs 单晶的年生产能力约 600 公斤。用于 LED 和 LD 的 Φ50 mm InP 单晶已实用化，年产量约 60 公斤。用于红、绿色 LED 的 GaP 芯片材料年产量约为 90 公斤，用于蓝光 LD 和蓝、绿光 LED 的 GaN、SiC 等宽禁带半导体材料正在研发中。光电子材料发展的重点为：高功率、可调谐、LD 泵浦和新波长激光晶体等；超高亮度（LED）、半导体激光器（LD）用 GaAs、Gap、GaN 基外延材料等；STN、TFT 显示器用液晶材料等；用于密集波分复系统的 G.655 非零色散位移光纤及大尺寸光纤预制棒等。在激光晶体材料方面，我国研制的 Nd：YAG 和 Nd：YVO_4 激光晶体，其主要技术指标达到国际先进水平，出口产品数量约占国际市场的 1/3。华博技术有限公司的 YAG 激光棒年批量生产能力为 3000 根。中国已成为钒酸钇（YVO_4）晶体的生产出口大国。中国科学院福建物质结构研究所研制成 Φ42 mm×42 mm 大尺寸 YVO_4 单晶，并加工成 Φ20 mm×20 mm 偏振晶体器件。北京烁光特晶体科技有限公司已建成年产 200 公斤 YVO_4 单晶生产线。上海光机所研制的掺钛蓝宝石激光晶体也已经出口美国、日本、俄罗斯等国家。在非线性光学晶体方面，我国研制的偏硼酸钡（BBO）、三硼酸锂（LBO）等优质的非线性光学材料系国际首创，用于激光光源在可见光区的频率转换。用于激光倍频、光参量振荡、电光调 Q 和声光、电光器件的铌酸锂（LN）单晶，中国的年生产能力约为 10 吨。

南京理工大学近日取得的新型二维半导体研究进展，有望制造出新型材料，极大地降低了 LED 灯的生产成本。这款新材料单层砷烯和锑烯只有一个原子厚，具备半导体属性。这种超薄材料稳定性强、性能优越，应用前景极为广泛。南京理工大学纳米光电材料研究所所长曾海波介绍说，其实制造 LED 只是这种新材料应用的一个方面，对硅的取代将具有更大的应用价值。

美国哥伦比亚大学一项新研究证明石墨烯具有卓越的非线性光学性能，并据此开发出一种石墨烯-硅光电混合芯片。这种硅与石墨烯的结合，让人们离超低功耗光通信近了一步，让该技术在光互连以及低功率光子集成电路领域具有广泛的应用价值。

有机电子与信息显示国家重点实验室培育基地、南京工业大学先进材料研究院黄维院士领衔的 IAM 团队在有机合成材料中成功观察到长余辉现象，研制出纯有机的"夜明珠"。有机光电功能材料的激发态调控提供了一条革命性的思路和途径，有着广阔的应用前景。譬如，在有机太阳能电池方面，延长激子扩散距离，从而提高器件性能；在生物领域，可以有效地消除背景荧光等；在数据加密和信息防伪领域，可以实现无需精密仪器的裸眼观测，以人民币防伪为例，只需将太阳光照射后的人民币移至暗处，就可看到不同颜色和不同持续时间的长寿命发光，实现颜色和寿命的双重防伪。这一原创性研究成果对深入了解有机光电功能材料的发光行为具有重要的科学意义，同时也拓展了有机光电功能材料在数据加密方面的新应用，发展了信息安全领域的新技术。

④ 红外产品。

红外技术早期只局限于军事领域的应用，伴随着冷战的结束，红外技术开始大规模地走入民用领域。随着世界经济的高速发展、红外技术的快速进步和产品成本的不断下降，其在民用领域将具有更为广阔的应用空间。

在军事领域，红外技术可用于对远、中、近程军事目标的监视、侦察、告警、预警与跟踪；红外成像的精确制导；武器平台的驾驶、导航；探测隐身武器系统；光电对抗；武器瞄具等。

有资料统计，在过去的近 20 年中，世界范围内多次的局部战争和有限的军事冲突中，被导弹击中的飞机中有 90% 是被红外制导导弹击落的，有 85% 的地面和海上目标是被有红外制导能力的武器系统击中的。在美、英、法、德、日、以色列等发达国家的军队中，红外热像仪已被配置在陆、空、海军等各个军种中，例如，海湾战争中，平均每个美国士兵配备 1.7 具红外热像仪。按照我国政府发布的《2006 年中国的国防》白皮书，我国军队的人员数量为 230 万人，如果未来我军 10% 的部队装备红外热像仪，其市场需求量可达 115 亿元。全球军队数量约为 2000 万人，如果 10% 的军队按每个士兵配备红外热像仪，全球单兵军用红外热像仪市场需求总量可达 40 亿美元。

在民用领域，红外测温、红外成像已在工业、交通、电力、石化、农业、医学、遥感、安全监控与防范和科学研究等领域被广泛应用，成为自动控制、在线监测、非接触测量、设备故障诊断、资源勘查、遥感测量、环境污染监测分析、人体医学影像检查等的重要方法。系统级产品种类和量产规模的不断扩大导致了红外器件成本的降低，这个发展趋势不但促进了红外技术在民用领域能够不断地探寻更多的应用用途，而且拉动了红外技术本身所牵引的基础行业的发展。

根据美国 Maxtech International 发布的红外市场报告，2006 年全球民用红外热像仪的销售额为 16.3 亿美元，几年来，全球民用红外热像仪市场需求年均增长率已超过了 15%，2010 年全球民用红外热像仪市场供给达到 28 亿美元。而中国视频监控市场 2006 年规模达

18 亿元，2010 年达到近 70 亿元。

红外对抗技术市场销售也实现了强劲增长：以色列 Elbit 系统公司进入一项 2650 万美元合同的第二年交付期，为宽体喷气机供应光纤激光导向多光谱 IRCMs；诺斯罗普格鲁曼公司正在推进一项 3500 万美元的基于量子级联激光器(QCL)的常见红外对抗(CIRCM)计划。

⑤ 显示器件及其材料。

2016 年，中国新型显示产业链投资约 3750 亿，LCD、OLED 产线投资金额、投资数量双创新高。2017 年，我国的显示行业依旧发展迅猛，不同的显示技术之间的竞争也越来越明显，对于整个产业界来说，这充满了挑战和机遇。平板显示产业不仅自身是一个超千亿的产业，而且从技术上集成了微电子技术、光电子技术、材料技术、制造装备技术、半导体工程技术等多项技术，从行业上跨越化工、材料、半导体等多个领域，它的升级可以拉动多个产业集群的发展。

在国务院发展战略新兴产业的正确方针指引和国家资金政策的大力支持下，以京东方、深圳华星、昆山龙腾、上海天马、南京熊猫为代表的中国 TFT‐LCD 液晶平板显示产业快速崛起，在短短 3 年间已经排除了欧美的渗入，形成了韩国、日本、中国台湾、中国内地的"三国四地"产业竞争格局。

作为照明光源，以平面发光为特点的 OLED 具有更容易实现白光、超薄光源和任意形状光源的优点，同时具有高效、环保、安全等优势。在照明领域中，OLED 不仅可以作为室内外通用照明、背光源和装饰照明等，甚至可以制备富有艺术性的柔性发光墙纸，可单色或彩色发光的窗户，可穿戴的发光警示牌等梦幻般的产品。

未来 3～5 年是 OLED 照明技术、产业、市场发展的关键时期，产品在外观上将向大尺寸、透明化、柔性化、可任意造型的方向发展，从性能上将会不断提高光效、延长寿命，不断缩小与现有照明技术的差距，价格也将降低。

美国、欧洲、日本、中国等国家政府和企业纷纷在 OLED 照明上加大投资和研发力度，力争在未来的 OLED 照明产业中占据有利的地位。

根据 Display Search 的调查预测，包括荷兰 Philips、美国 GE 和 Konica Minolta、日本 Lumiotec、德国 OSRAM、中国的翌光科技在内的 OLED 照明技术与产品开发的国际大厂，已逐步进入量产，OLED 照明应用从 2016 年开始扩大，并在 2018 年增长到 60 亿美元的规模。

⑥ 光电消费产品。

随着计算机、网络技术和数字媒体技术的发展，光输出/输入类设备，如扫描仪、打印机、复印机、传真机和数码相机等办公自动化设备，以及光存储类产品，已经迅速地进入了人们的生活和工作中。各种新型的办公消费、娱乐类光电产品成为 21 世纪人们生活的必需品。数码相机产业市场发展迅速，国内已有 30 多个品牌，大多集中在家用市场。扫描仪市场稳定增长，已成为光电产品中技术工艺成熟、市场应用稳定增长的重要产品。全球扫描仪的著名品牌 HP、AGFA、UMAX、Acer、EPSON、Canon 等早已进入中国市场，北大方正、清华紫光等国内单位研发的扫描仪也正成为扫描仪市场中的重要品牌。

娱乐显示印刷包括用于灯光秀、游戏、数字电影、前后投影机、投影机和激光笔的激光器，还包括用于商业印前系统和照相洗印加工的激光器，以及用于消费和商业应用的常规激光打印机。2016 年娱乐显示印刷应用类别激光器销售额再次增长至 2.68 亿美元，预计 2017 年将增长 19%，达到 3.19 亿美元，其增长的主要驱动力是激光电影设备。

娱乐显示类别还包括一些更有趣的高容量激光应用。以下是 2016 年一些值得注意的显示和照明相关的激光创新：Blaze Laserlights 在街上投射一个自行车标志，以警告汽车驾驶者前方黑暗道路有自行车；安装有激光雷达的轻型无人机，为电影制作者创造了最佳边缘照明；激光捕鼠围墙试图吓唬威胁作物和花园的大鼠及其他害虫。

医疗美容细分市场包括用于眼科（包括屈光手术和光凝）、外科手术、牙科治疗，以及护肤、护发和其他化妆品领域的所有激光产品。

2016 年美容类激光器销售非常好。以色列 Lumenis 公司自称"世界上最大的手术、美容和眼科能源医疗设备公司"，销售额连续八个季度上涨。Lumenis 公司几乎提供所有类型的医用激光器，包括可治疗 70 种泌尿科疾病的钬系列脉冲激光器、治疗干眼和红斑痤疮的强脉冲光（IPL）技术、治疗中耳炎外科手术的 OtoLase 技术、治疗皮炎和耳鼻喉疾病的点阵式二氧化碳激光器。此外，用于内镜下激光显微手术（TLM）的 Lumenis AcuPulse DUO CO$_2$ 激光器是早期气道癌症的一线治疗产品，与化放疗相比具有优异的治愈率。

美国 Cynosure 公司具有与 Lumenis 公司几乎完全相同的产品组合（除了突出的 CO$_2$ 激光产品），该公司 2016 年第三季度收入飙升至 1.064 亿美元，比 2015 年同期增长 36%。同样，美国 Cutera 公司第三季度收入比 2015 年同期增长了 31%，达到 3030 万美元。单凭强劲的美容类激光器销售业绩，预测 2017 年医疗和美容激光器市场的销售额将从 8.38 亿美元增长到 9.58 亿美元，实现 14.3% 的增长。

基于激光的结构健康监测，其在飞机、车辆、桥梁、铁路、道路和很多关键运输系统及基础设施领域的应用也越来越重要。

2016 年 8 月，美国海军研究实验室（NRL）的科学家们使用分布反馈光纤激光声发射传感器成功地检测了铆接搭接头裂纹发出的声频。原位能力超过压电技术，可以与现有的光纤应变和温度传感系统联合或"多路复用"。

加拿大 Opsens 公司生产用于井下油气监测的光纤传感系统。美国食品和药物管理局（FDA）批准的 OptoWire II 光纤传感器是一种通过测量分相流量储备（FFR）来诊断心脏病患者冠状动脉狭窄严重性的光导丝。该公司认为 FFR 销售额（从 2015 财年的 50 万美元增加到 2016 财年的 520 万美元）翻 10 倍增长，截至 2016 年 8 月 31 日，公司年度销售总额为 960 万美元。

仪器传感包括：生物医学仪器中使用的激光；分析仪器（如光谱学）；晶片和掩模检查；计量学矫直机；光学鼠标；手势识别；激光雷达条形码阅读器和其他传感器。

2017 年，仪器传感细分市场的激光产品销售额为 6.61 亿美元，比 2016 年的 6.08 亿美元的销售额增长了 8.7%。虽然仪器传感部分的市场规模大约是医疗美容或科研军事领域的 2/3，但由于一些自主或智能应用（如激光雷达）需要大量传感激光器，其市场销售增长潜力巨大。

激光材料加工和光刻市场的收入仍然是 2016 年整个激光市场最大板块，达 40.72 亿美元。2016 年用于金属切割和焊接的千瓦级光纤激光器的销售额占整个工业激光器市场总收入的 41%。

汽车、航空航天、能源、电子和通信(智能手机)材料加工应用继续推动工业激光器销售强劲增长。在三大工业激光器类别中,微加工类别(包含功率<500 W 的所有应用类型激光器)上升到了整个激光加工市场的 35%,其市场增长率达到了 105%。宏观加工类别(激光加工要求功率>500 W)是整个工业激光市场收入最大的类别,占 47%,这归功于占所有宏观加工收入 44% 的光纤激光器。最后,激光打标(包括雕刻)市场占整个材料加工市场收入的 18%,持续稳健增长 3.90%。

(4) 我国光电子产业"十三五"发展规划。

随着光电子产业市场的不断开拓,我国武汉、长春、广东、上海、浙江、江苏、北京、重庆、西安等数十个省市和地区纷纷提出并投巨资建设"光谷"、光电园区等不同层次和级别的光电子产业密集区,形成了光电子产业加速发展的热潮。

来自中国科学院光电研究院的资料显示,自 20 世纪 90 年代初以来,从产能和产量来看,中国已经达到世界级水平。但是,中国光学产品大多数集中在中低端领域,尽管规模庞大,可市场价值并不高,我国的光电子器件、部件虽然是光通讯、光显示、光存储等光电子产业的关键部分,但在整个光电子系统中所占的比重较小,其产值较低。科研开发主要处于跟踪和小批量生产阶段,光电子产业所需的规模化、产业化、生产技术目前还没有实质突破;国内研究生产的光电子器件和部件有相当一部分还未能满足整机和系统的要求,导致国外器件占据国内市场相当多的份额,产生这种现象的原因,很大程度上就是从实验室到市场的"链条"出现"断裂",科技成果不能及时进行产业化或真正转化为商品。

2017 年 11 月 1 日,由工业和信息化部、科技部、国家知识产权局、中国科学院、中国贸促会、湖北省人民政府共同主办的"第十四届'中国光谷'国际光电子博览会暨论坛"在武汉开幕,工业和信息化部副部长罗文出席并致辞。罗文强调,在党中央、国务院的高度重视和坚强领导下,在社会各界的共同努力下,我国电子信息产业取得了长足进步,已具备了贯彻落实"十九大"精神部署的坚实基础:一是规模效益快速增长,2017 年 1~9 月,规模以上电子信息制造业增加值同比增长 13.90%,较去年同期快 4.2 个百分点,较全部规模以上工业增速高 7.3 个百分点;二是产业结构持续优化,智能化、高端化发展成果显著,智能手机、智能电视的市场渗透率已超过 80%;三是创新能力明显增强,集成电路设计水平达到 16/14 nm,制造水平实现 28 nm 批量生产,新型显示领域多项关键材料实现量产应用;四是融合发展不断深入,电子信息产业发展带动两化融合水平稳步提升,金融、交通、医疗、教育等行业信息技术应用不断深化;五是企业实力明显增强,国内骨干企业在通信设备、平板显示、集成电路等领域的国际竞争力进一步巩固。

为贯彻落实《国家创新驱动发展战略纲要》《国家中长期科学和技术发展规划纲要(2006—2020 年)》《"十三五"国家科技创新规划》和《中国制造 2025》,明确"十三五"先进制造技术领域科技创新的总体思路、发展目标、重点任务和实施保障,推动先进制造技术领域创新能力提升,科技部组织制定了《"十三五"先进制造技术领域科技创新专项规划》(以下简称《规划》)。

《规划》中提出，我国新兴产业所需装备的需求缺口较大，光电子、先进光伏电池设备、新一代通信设备等发展所需的关键技术和核心技术的自给率较低，核心技术掌握仍较少，试验设计能力较欠缺，技术集成能力薄弱，制造装备进口依赖大，新兴产业发展所需的关键装备自给不足。

按照总体目标、发展思路和战略布局的要求，"十三五"期间，先进制造领域重点从"系统集成、智能装备、制造基础和先进制造科技创新示范工程"四个层面，围绕十三个主要方向开展重点任务部署，下面具体介绍三个方向。

第二个方向：激光制造。面向航空航天、高端装备、电子制造、新能源、新材料、医疗仪器等战略新兴产业的迫切需求，实现高端产业激光制造装备的自主开发，形成激光制造的完整产业体系，促进我国激光制造技术与产业升级，大幅提升我国高端激光制造技术与装备的国际竞争力。

第四个方向：极大规模集成电路制造装备及成套工艺。这包括光刻机及核心部件：研发干式光刻机产品并实现销售；研制28 nm浸没式光刻机产品，进入大生产线考核；开展配套光学系统、双工件台等核心部件产品研发，并集成到整机；构建关键技术与产品开发平台，提升光刻机自主创新能力；建设光刻机光学系统等关键部件生产基地，具备批量生产能力。

第五个方向：新型电子制造关键装备。面向宽禁带半导体器件、光通讯器件、MEMS（微机电系统）器件、功率电子器件、新型显示、半导体照明、高效光伏等泛半导体产业领域的巨大市场需求，开展关键装备与工艺的研究，重点解决电子器件关键材料装备、器件制造装备等高端装备缺乏关键技术、可靠性低、工艺开发不足等问题，推动新技术研发与关键装备研发的协同发展，构建高端电子制造装备自主创新体系。具体包括五个方面：

① 宽禁带半导体/半导体照明等关键装备研究。针对碳化硅（SiC）、氮化镓（GaN）等为代表的宽禁带半导体技术对关键制造装备的需求，开展大尺寸（20 cm，6 寸）宽禁带半导体材料制备、器件制造、性能检测等关键装备与工艺研究。针对高亮度半导体照明（LED、OLED）大生产线对制造装备的需求，开展大产能材料制备、器件制造、性能检测等关键装备研发，掌握核心技术与工艺，满足大生产线要求。

② 光通讯器件关键装备及工艺研究。针对光通讯器件制造对装备的需求，重点围绕硅基光电子芯片工艺装备、InP（铟磷）基等光电子芯片工艺装备、光纤器件工艺装备、光电子器件耦合封装等关键装备等开展研究，掌握核心技术，实现产品应用，提升国内光通讯器件制造能力及工艺水平。

③ MEMS器件/电力电子器件等关键装备与工艺研究。针对MEMS器件、电力电子器件等领域对装备的特殊工艺需求，开展材料制备、芯片制造、特种封装、性能检测等关键装备与工艺的研发，掌握关键技术，开发特色工艺，提高国产装备的工艺适应性及可靠性。研究基于国产装备为主的成套工艺，完成对国产装备的工艺优化、可靠性验证及集成应用，打造自主产业链，提升产业竞争力。

④ 高效光伏电池关键装备及工艺研究。针对下一代高效光伏电池技术（PERC、HIT、黑硅电池等）对关键装备及工艺的需求，开展大产能、高转换效率光伏电池制造工艺装备、自动化制造装备、核心工艺等研究，降低电池片的制造成本，转换效率达到国际领先水平，

实现批量销售。

⑤ 新材料、新器件关键电子装备与核心部件研究。针对石墨烯、碳基电子器件、柔性显示、光互联等国际上不断出现的新材料、新器件、新工艺对半导体技术相关的装备需求，开展面向电子器件应用石墨烯材料制备装备、大面积转移装备、石墨烯电子器件制造装备、柔性显示有机膜材料制备装备、柔性显示有机器件制造及检测装备、碳基电子器件制造装备、光互联器件制备装备、高密度封装等方面的关键装备开发，满足研发或产业化需求，推动新技术研发与装备研发的协同发展。

2）微电子技术相关行业的现状与发展趋势

微电子技术一般是指以集成电路技术为代表，制造和使用微小型电子元器件和电路，实现电子系统功能的新型技术学科，包括系统电路设计、器件物理、工艺技术、材料制备、自动测试以及封装、组装等一系列专门的技术。微电子技术是高科技和信息产业的核心技术。微电子产业是基础性产业，之所以发展得如此之快，除了技术本身对国民经济的巨大贡献之外，还与它极强的渗透性有关。另外，现代战争将是以集成电路为关键技术、以电子战和信息战为特点的高技术战争。

微电子技术相关行业主要是集成电路行业和半导体制造行业，它们既是技术密集型产业，又是投资密集型产业，是电子工业中的重工业。与集成电路应用相关的主要行业有：计算机及其外设、家用电器及民用电子产品、通讯器材、工业自动化设备、国防军事、医疗仪器等。

（1）全球微电子产业发展状况。

微电子产业发展的主导国家是美国和日本，发达国家和地区有韩国和西欧。从技术层面上考虑，集成电路制造技术的发展经历了六个阶段：小规模集成电路（SSI；1962 年）、中规模集成电路（MSI；1966 年）、大规模集成电路（LSI；1967 年）、超大规模集成电路（VLSI；1977 年）、特大规模集成电路（ULSI；1993 年）和巨大规模集成电路（GSI；1994 年）。2017 年 9 月 19 日，英特尔正式推出最新的 10 nm 工艺制程，提高了晶体管密度并降低了单个晶体管成本。英特尔 10 nm 制程的最小栅极间距从 70 nm 缩小至 54 nm，且最小金属间距从 52 nm 缩小至 36 nm。尺寸的缩小使得逻辑晶体管密度可达到每平方毫米 1.008 亿个晶体管，是之前英特尔 14 nm 制程的 2.7 倍，大约是业界其他"10 nm"制程的 2 倍。

集成电路设计技术的发展核心是电子计算机辅助设计通用软件包（EDA）的开发和应用。EDA 技术的发展历程可分为三个阶段：20 世纪 70 年代计算机辅助设计（CAD）阶段、80 年代计算机辅助工程（CAE）阶段和 90 年代电子系统设计自动化（ESDA）阶段。EDA 技术的每一次进步，都引起了设计层次上的一个飞跃，先后经历了物理级设计、电路级设计和系统级设计三个层次。系统级设计方法的基本特征是：按照"自顶向下"（Top-Down）的设计方法，对整个系统进行方案设计和功能划分，系统的关键电路用一片或几片专用集成电路（ASIC）实现，然后采用硬件描述语言（HDL）完成系统行为级设计，最后通过综合器和适配器生成最终的目标器件，即系统集成芯片（SOC）。其中，作为实现系统级设计方法载体的 ASIC 按设计方法可分为：全定制 ASIC、半定制 ASIC 和可编程 ASIC（也称"可编程逻辑器件"，PLD）。自 70 年代以来，可编程逻辑器件经历了 PAL、GAL、CPLD、FPGA 几个发展阶段，其中，CPLD、FPGA 属高密度可编程逻辑器件，它将掩膜 ASIC 集成度高的优点和可编程逻辑器件设计生产方便的特点结合在一起，特别适合于样品研制或小批量产品开发，使产品能以最快的速度上市，而当市场扩大时，它可以很容易地转由掩膜 ASIC 实现，因此开发风险也大为降低，目前是主流研究产品。

Xilinx 公司认为，ASIC SOC 设计周期平均是 14～24 个月，用 FPGA 进行开发，时间可以平均降低 55%。而产品晚上市 6 个月，5 年内将损失 33% 的利润，每晚 4 周，等于损失 14% 的市场份额。因此，Xilinx 公司亚太区市场营销董事郑馨南雄心勃勃地预言："FPGA 应用将不断加快，从面向 50 亿美元的市场扩展到面向 410 亿美元的市场。"其中，ASIC 和 ASSP 市场各 150 亿美元，嵌入式处理和高性能 DSP 市场各 30 亿美元。

从大的方向来说，半导体市场可以分为集成电路、分立器件、光电子和传感器四大领域，其中尤以集成电路所占的份额最为庞大。根据美国半导体产业协会（SIA）发布的数据，2015 年全球半导体市场规模为 3352 亿美元，比 2014 年略减 0.2%。而集成电路的规模高达 2753 亿美元，占半导体市场的 81%。所以，集成电路是半导体产业的重中之重。

根据 SEMI 公布的数据，2015 年全球半导体设备出货金额为 365.3 亿美元，此项统计包含晶圆前段制程设备、后段封装测试设备及光罩/倍缩光罩制造、晶圆制造以及晶圆厂设施。在这些设备采购份额中，中国台湾已连续第四年稳坐半导体设备最大市场宝座，设备销售金额达 96.4 亿美元，这主要得益于台湾封测产业的兴旺，台积电、联电、矽品和日月光等无一不是业内标杆；韩国与日本市场扩大并超越北美，分别排名第二及第三，其中，日本市场以年增 31% 居各市场成长之冠；北美市场则是以 51.2 亿美元（约 325 亿元人民币）金额落到第四位，年减幅度高达 37%；欧洲市场年减约 19%；中国市场规模依旧超越欧洲市场及其他地区，年成长约 12%。至于高企的增长率，除了国内对中芯国际、长电等企业的扶持外，还有格罗方德、台积电等知名企业和国内的合资或投资建厂，这些都给中国半导体市场带来了增长的机遇。

据 SEMI 统计，2014 年全球半导体设备市场规模为 375 亿美元，前十大半导体设备厂商的销售额为 351 亿美元，市场占有率高达 93.6%，行业处于寡头垄断局面。前十大半导体设备生产商中，有美国企业 4 家，日本企业 5 家，荷兰企业 1 家。

（2）我国微电子产业发展状况。

我国微电子技术产业的现状分为大陆和台湾地区。在我国台湾地区，90 年代半导体工业进入迅猛发展时期，1991—1997 年间，其工业规模年均增长率高达 32%，目前已经成为世界半导体制造中心和国际上主要的芯片供应地。特别是在半导体晶片生产方面，其产量占全世界晶片产量的 20%。我国内地，集成电路起步于 1965 年，但在之后 30 年间发展缓慢，与世界发达国家和地区的差距愈来愈大。到了"九五"计划期间，国家加大投资，才拉开了新世纪我国内地加速发展微电子产业的序幕。国家通过启动"909 工程"，成功建成了一条 0.35 μm 的 20.32 cm（8 英寸）MOS 线（上海华虹 NEC）、三条 15.24 cm（6 英寸）MOS 线（北京首钢日电、上海先进、无锡华晶上华）、六条 12.7 cm（5 英寸）线（上海先进双极线、无锡华晶双极线、无锡华晶上华 MOS 线、无锡电子 58 所 MOS 线、绍兴华越双极线和北京的清华大学 MOS 线），以及十五条的 10.16 cm（4 英寸）线，合计二十五条芯片制造线。近年来，我国集成电路市场持续快速增长，2003 年，我国集成电路产量为 96.3 亿块，产值达到 1470 亿元，比 2002 年增长 22.5%。巨大的市场吸引国际知名集成电路企业纷纷来华投资。我国内地的集成电路产业规模不断扩大，逐步形成了设计、制造、封装、测试、设备和材料的完整集成电路产业链格局。

从 1999 年至 2008 年，我国实施"中国芯"战略工程，开始了攻"芯"战役。2001 年 7 月，方舟科技发布了公司成立以来的第一款 CPU 产品"方舟 1 号"，成为我国历史上第一个商品化的 CPU 产品，在我国信息产业发展史上有着里程碑式的意义。2002 年 11 月，"方舟 2 号"CPU 以其更快的速度、更小的功耗和体积、更高的集成度和性能价格比获得了国内大厂的认可。神州数码、联想、京东方、长城等国内大厂都先后采用了方舟 CPU 产品。2004 年 2 月 12 日，全球最大的网络计算机厂商美国慧智公司宣布在其主流产品中采用方舟 CPU 作为核心处理器。方舟 CPU 也成为我国历史上第一个走出国门的 CPU 产品。2002 年 9 月 28 日，中科院计算机所研制的国内第一枚高性能通用 CPU 芯片"龙芯"面世。"龙芯 1 号"采用 0.18 μm CMOS 标准单元工艺实现，采用了动态流水线结构，定点 32 位，浮点 64 位，流水线结构先进、效率高，可用于网络终端机（NC）、工业控制计算机等嵌入式设备。2003 年 12 月 28 日，中星微电子公司生产的数字多媒体芯片星光"中国芯"销量突破 1000 万枚，并成功占领了高达 40% 的世界第一的市场份额。这标志着我国集成电路产业正在由"中国制造"向"中国创造"迈进。根据"中国芯"战略工程规划，全国最高水平的单晶硅材料研发、生产中心"有研硅股"已建立一条年产 120 万片的 20.32cm（8 英寸）硅抛光片生产线，同时，30.48 cm（12 英寸）抛光片和 45.72 cm（18 英寸）硅棒也已开发完成，摆脱了跟踪研究的局面；国家科技部"863"计划集成电路设备项目 100 nm 工艺用大角度离子注入机与高密度等离子刻蚀机作为我国集成电路制造装备行业最高水平的项目落户。

近年来，我国电子信息产业深入贯彻落实党中央、国务院的决策部署，产业整体保持了平稳增长，2015 年全年完成销售收入达到 15.4 万亿元，其中，电子信息制造业实现主营业务收入 11.1 万亿元。2015 年，仅电子元件行业投资额就达到 2878.3 亿元，电子信息制造业 500 万元以上新开工项目 9614 个，其中，电子元件行业增长 20.6%。

按照《中国制造 2025》和信息产业"十三五"相关规划的要求，下一步，电子产业将坚持创新引领和融合发展等原则，加快推进产业链协同创新，强化关键共性技术产业化能力，强化企业主体地位和市场主导作用，鼓励骨干企业做大做强；推动基础电子产业与下游产业加强融合、集成创新，重点发展适应核心信息技术发展要求的核心电子元器件、关键电子材料和重点电子专用设备及仪器，不断提升基础电子产业核心竞争力。

《国家集成电路产业发展推进纲要》提出，到 2015 年建立与产业发展规律相适应的融资平台和政策环境，集成电路产业销售收入超过 3500 亿元；2020 年与国际先进水平的差距逐步缩小，全行业销售收入年均增速超过 20%；2030 年产业链主要环节达到国际先进水平，一批企业进入国际第一梯队，实现跨越发展。

2017 年 10 月，我国集成电路进口金额 244.09 亿美元，出口金额 55.38 亿美元，贸易逆差较 2017 年年初水平又增长了很多。CPU 和存储器占据国内集成电路进口总额的 75%。2013—2016 年间，存储芯片进口额从 460 亿美元增至 680 亿美元，2017 年预计突破

700 亿美元。存储器已经成为我国半导体产业受外部制约最严重的基础产品之一，因此，存储器国产化也成为我国半导体发展大战略中的重要一步。国内大基金的成立带动了部分地方政府对集成电路产业的资金支持。除北京、上海、深圳一线城市，各省市均有规模不等的集成电路投资基金，总计规模超过了 3400 亿元，如果加上民间资金，很可能已经超过了 4000 亿元规模。表 6-1 为截至 2017 年 5 月地方集成电路产业投资基金汇总。

表 6-1 截至 2017 年 5 月地方集成电路产业投资基金汇总

时间	地区	规模	用途
2013.12	北京	300 亿	投资集成电路设计、制造、封装、测试、核心装备等关键环节
2014.02	天津	2 亿/年	集成电路设计产业
2014.11	安徽	2.5 亿	半导体和电子信息产业
2015.07	广东	5 亿/年	市级实验室、重点实验室、工程研究中心等
2015.07	江苏	10 亿	集成电路设计、芯片生产线、先进封装测试
2015.08	湖北	300 亿	集成电路制造，兼顾设计、封装等上下游产业链
2015.10	深圳	200 亿	存储器
2015.10	合肥	100 亿	集成电路产业投资基金
2015.12	贵州	18 亿	推动贵州省集成电路产业快速发展
2016.01	上海	500 亿	100 亿元设计业并购基金、100 亿元装备材料业基金、300 亿元制造业基金
2016.03	厦门	160 亿	培育一批符合厦门产业发展方向的标杆企业
2016.03	湖南	50 亿	首期规模 2.5 亿元，目标规模 50 亿元
2016.03	四川	100 亿~120 亿	扶持壮大四川优势的集成电路相关企业
2016.05	辽宁	100 亿	集成电路产业基金，目标 100 亿，首期募集 20 亿元
2016.06	广东	150 亿	集成电路设计、制造、封测及材料装备等产业链重大和创新项目
2016.08	陕西	300 亿	集成电路制造、封装、测试、核心装备等产业关键环节的重点项目投资
2016.12	南京	500 亿~600 亿	推动南京集成电路产业发展
2017.01	无锡	200 亿	重点聚焦、培育若干个国内外知名的集成电路龙头企业，扶持一批中小集成电路企业
2017.02	昆山	100 亿	引导社会资本、产业资本和金融资本等投向集成电路产业
2017.05	安徽	300 亿	重点投资集成电路晶元制造、设计、封测、装备材料等全产业领域

在下游市场需求不断增长、国家产业政策及资金的推动之下，我国集成电路产业投资迅速增长。全球晶圆厂预测最新报告指出，2017 年中国总计有 14 座晶圆厂正在兴建，并将于 2018 年开始装机。2018 年中国晶圆设备支出总金额将逾 100 亿美元，成长超过 55%，全年支出金额位居全球第二。总计 2017 年，中国有 48 座晶圆厂有设备投资，支出金额达

67 亿美元。展望 2018 年，SEMI 预估中国将有 49 座晶圆厂有设备投资，支出金额约 100 亿美元。前瞻产业研究院数据指出，2017 年我国集成电路投资额将达到 780 亿元。在投资不断加大的情况下，集成电路产业的整体规模得到了极大的提升。2004 年至 2016 年，除少数几年外，集成电路设计、制造及封测行业年销售额增长率均在 10% 以上。2016 年，集成电路设计、制造和封测业销售额分别达到了 1644.30、1126.90 和 1564.30 亿元。到 2020 年我国半导体产业年增长率不低于 20% 的要求，以及下游产业需求不断增长的推动，未来几年，我国集成电路产业将继续维持较高的热度。

（3）微电子产业未来发展方向。

当几年前集成电路生产工艺达到深亚微米时，关于摩尔定律（Moore's Law）是否在未来仍然有效的讨论就广泛展开了，于是很快也就有了"摩尔定律进一步发展"（More Moore）和"超越摩尔定律"（More than Moore）两种观点。这两种观点分别在相关领域影响着电子技术和半导体产业的发展，成为了许多行业和企业制定技术和产品路线图的重要依据。

在过去的几年中，More Moore 似乎有了更快的发展。纳米级的半导体工业技术不仅应用在了各种电脑的 CPU 生产之中，还广泛地应用在各种通信基站和基带芯片，甚至各种便携产品的应用处理器和媒体处理器之中。摩尔定律的好处实在太明显，更加精细的加工工艺带来了半导体芯片的高性能、低电压和低功耗，而处理器不仅主频速度上去了，还出现了同一块芯片中的多核集成，这使许多过去由专门的芯片或者子系统干的工作，用软件就可以实现了。

X-FAB 集团一直致力于高性能模式和混合信号半导体技术及加工工艺的开发应用，在 X-FAB 看来：电子市场中的许多应用，如射频器件、电源管理子系统、被动元件、生物芯片、传感器、执行装置和微机电系统（MEMS），在半导体产品中正扮演着同样重要的角色。将各种模拟功能集成到基于 CMOS 的特色技术中，使其成本得以优化，并为系统提供有增加价值的解决方案的各种多样化的技术，就是 More than Moore。在亚洲，X-FAB 非常看好包括中国大陆、中国台湾和韩国等亚洲新兴电子产业区域中的未来创新，在全球消费市场和各国政府的支持和推动下，这些区域内的创新将出现在众多领域，如消费电子、汽车和通信等。

现代经济发展的数据表明，GDP 每增长 100 元，需要 10 元左右电子工业产值和 1～3 元集成电路产值的支持。美国半导体协会（SIA）数据表明，2012 年，集成电路全行业销售额达到 1 万亿美元，它将支持 6 万亿到 8 万亿美元的电子装备、30 万亿美元的电子信息服务业和约 50 万亿美元 GDP。

在 2017 年 10 月 25 日于上海开幕的"第十五届中国国际半导体博览会暨高峰论坛"（IC China）上，工信部电子信息司司长刁石京曾表示，预计 2017 年全球集成电路市场规模将达到 4000 亿美元，作为全球规模最大、增速最快的中国集成电路市场规模也将达到 1.3 万亿元。

中国政府已公布一项价值 1500 亿美元的半导体产业发展大计，期望在 2025 年前，把中国制晶片在国内的市场占有率提高至 70%，令美国忧虑这些补贴会扭曲市场，削弱美国的半导体产业，危及美国技术上的优势。不过中国的 1500 亿美元的支出，相比美国半导体业每年平均 230 亿美元的研发开支，仍然相距甚远。

纵观微电子技术发展的主要趋势，其发展方向有四个方面：

一是器件的特征尺寸继续缩小。在硅基技术不断进步、不断成熟的情况下，硅基 CMOS 的应用深度也在不断提升。硅晶圆片的尺寸正在不断扩大，然而特征尺寸(光刻加工线条)却变得愈来愈小。早期的硅片尺寸为 5.08 cm(2 英寸)居多，经过 7.62 cm(3 英寸)、10.16 cm(4 英寸)、15.24 cm(6 英寸)的过渡发展，如今已经达到 20.32 cm (8 英寸)水平。近年来，集成电路制造工艺技术的进一步突破，使得硅片尺寸已经达到 30.48 cm(12 英寸)以上，直径超过 300 mm。硅片尺寸的扩大，意味着整体生产成本能够进一步降低。英特尔公司在集成电路芯片制造方面一直处于行业领先地位，从 2011 年开始，英特尔便具备了成熟的 32 nm 制造工艺。近年来，由 32 nm 工艺到 22 nm 工艺，再到如今主流的 14 nm 工艺，体现了集成电路制造技术的快速发展。未来两年内，器件的主流特征尺寸将朝着 10 nm、7 nm 方向发展。当然，在硅基 CMOS 电路特征尺寸不断缩小的情况下，器件结构的物理性质会变得愈来愈大，不可能完全按照摩尔定律一直发展下去。要让其突破发展瓶颈，必然需要新材料的支持。集成电路集成度的不断增大对相关制造技术(光刻技术、蚀刻技术、扩散氧化技术)也提出了新的要求。

二是重点发展系统集成芯片(SOC)。SOC 与集成电路(IC)的设计思想是不同的，它是将整个系统集成在一个 IC 芯片上的系统级芯片的概念。其进一步发展，可以将各种物理的、化学的和生物的敏感器及执行器与信息处理系统集成在一起，从而完成从信息获取、处理、存储、传输到执行的系统功能，这是一个更广义的系统集成芯片。目前，SOC 已经成为了移动终端中最为主流的芯片解决方案。部分手机的 SOC 性能已经达到了很高的水平，甚至接近桌面级 CPU。以苹果的 A10 芯片为例，A10 晶体管的数量已经超过 30 亿，其整体性能较上一代 A9 芯片提升了约 40%，所集成的 GPU 性能较 A9 也有 50% 的提升，但整体能耗却下降了 30%。未来随着相关技术的不断成熟，SOC 还将具备更大的发展空间，并成为社会生产当中不可或缺的一部分。

三是微电子技术与其他学科的结合将诞生新的技术和产业增长点。微机电系统技术(MEMS)和生物芯片等便是这方面的典型例子。前者是微电子技术与机械、光学等领域结合而诞生的，后者则是微电子技术与生物工程技术结合的产物。生物芯片是一种微阵列杂交型芯片，其中，微阵列主要由各类生物信息分子构成，包括 DNA、RNA、多肽等。Santford 与 Affymetrize 公司所生产的 DNA 芯片上含有超过 600 种的基因片段。在芯片制造过程中，先在玻璃片上蚀刻出微小沟槽，再将 DNA 纤维覆于沟槽上，以不同 DNA 纤维图形来体现基本片段的差异性。利用电场等手段可让某些特殊物质将部分基因的特征表现出来，从而实现基因检测。又如，三位美国科学家被授予了一项关于量子级神经动态计算芯片的专利。此类芯片功能性较强，可进行高速非标准运算，这给量子计算领域的发展带来了巨大的推动力。该芯片是物理过程与生物过程的结合产物。以仿生系统为基础，在接口界面通过突触神经元连接，可实现反馈性学习，无论是运算速度还是运算能力，均具有较高水准。一旦该技术成熟后，可在民用及军事领域大范围应用。

四是更好、更轻、更薄的高密度立体微电子封装。在电子产品集成度不断提升的情况下，微电子封装已经成为主流封装技术。相对于传统封装技术而言，微电子封装技术具有高性能、高密度的特征，以及更好的适用性和更高的效率。在微电子产品功能与层次提升的追求中，开发新型封装技术的重要性不亚于电路的设计与工艺技术，世界各国的电子工业都在全力研究开发，以期得到在该领域的技术领先地位。从器件的发展水平看，今后封装技术的发展趋势为：① 单芯片向多芯片发展；② 平面型封装向立体封装发展；③ 独立芯片封装向系统集成封装发展。三维封装是发展前景最佳的封装技术，随着其工艺的进一步成熟，它将成为应用最广泛的封装技术。

在微电子技术不断发展的过程中，它的影响力变得愈来愈大，并逐渐成为了衡量国家科学技术实力的重要标志，也体现了国家的综合实力。未来，微电子技术还将具备更大的发展空间，将成为引导人类社会发展、推动技术革命的重要因素。

3）电子科学与技术专业的社会需求

根据国内外电子科学与技术行业的现状和发展趋势分析，美国、西欧、日本、韩国、台湾地区的电子科学与技术产业已经步入上升轨道，我国随着市场开放和外资的不断涌入，电子科学与技术产业开始焕发活力。目前，电子科学与技术专业人才基本上是供不应求，特别是高层次的设计人才短缺。今后 5 年，我国电子科学与技术专业领域的相关产业将有一个明显的发展空间，因此，社会需求会逐步扩大，电子科学与技术专业总体就业前景良好。但是应该注意到电子科学与技术产业分类较细，发展变化较快，不同产品在不同时期受市场的影响程度并不相同。另外，电子科学与技术产业结构具有多样性，既有劳动密集型的大型企业、公司，又有发展中的小型公司和企业；既有国有企业和私营企业，又有合资、独资的外企。不同单位在不同发展时期对人才的需求层次是不同的，从这一点来看，社会需求与本专业毕业生的层次结构导致的供需矛盾还会存在。

6.2　电子科学与技术专业本科生报考研究生的相关问题

1. 本专业本科生考研形势

近几年，研究生报考人数连续创下考研史上的最高纪录。同时，研究生的招生规模也在逐年上升，图 6 - 4 为国家统计局发布的 2011—2015 年研究生的招生、在学、毕业等人数。

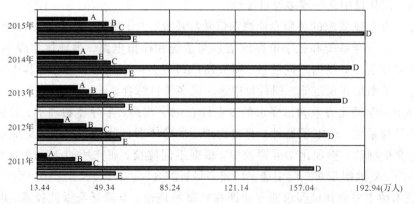

图 6 - 4　2011—2015 年研究生招生、在学、毕业人数

2017 年研究生报考人数 238 万人，相较于 2016 年增长了 37 万人。这其中，应届考生

131 万人，比去年增加了 18 万人；往届考生 107 万人，比去年增加了 19 万人。

这是中国高等教育大众化时代到来的必然结果。随着考研热的升温，竞争的压力也越来越大。如何准备考研，也就成为广大备考学子经常提出的问题。

总的来说，本科生考研动机大致有五种：① 为了提高自己的能力，为以后科研或工作打好基础。这是一种正确的心态，也是报考研究生时应具备的心态。② 延缓进入社会的时间，想再多念两年书。③ 为了得到一个文凭来提高自己的身价。④ 想通过考研来证明自己的实力，或者仅把考研当成是一种人生经历。⑤ 迫于家庭的压力，或者随波逐流走上考研之路。

2. 确定报考志愿

一旦决定考研，首要的任务就是确定报考志愿。报考志愿可以分解为三个基本阶段：形成专业选择意向；确定报考单位；最后两者结合，综合考虑，确定第一志愿并考虑第二志愿。专业和招生单位的不同搭配就形成了报考的四种基本模式：本专业本校报考；本专业跨校报考；跨专业本校报考；跨专业跨校报考。

根据国家教育部 1997 年颁布的《授予博士、硕士学位和培养研究生的学科、专业目录》和 2011 年颁发的《关于印发〈学位授予和人才培养学科目录（2011 年）〉的通知》，电子科学与技术专业本科生考研专业有物理电子学（080901）、电路与系统（080902）、微电子学与固体电子学（080903）、电磁场与微波技术（080904）。另外，可交叉的专业还有光学、光学工程、信号与信息处理、检测技术与自动化装置、计算机应用技术等。

本科生考研初试一般要求考四门科目，其中，公共课两门，分别是政治和英语（各100 分）；基础课一门，即数学或专业基础（150 分）；专业课一门（150 分）。工学类的电子科学与技术一级学科中，所有的二级学科和专业均要求使用数学一（高数 56%、线性代数22%、概率统计 22%）考试试卷。而专业课随报考院校及专业的不同而不同，具体情况要查阅招生简章。

物理电子学硕士专业初试要求的考研专业课在大学物理、电路分析基础、信号与系统、激光原理、红外物理、光电子学基础、电子技术、电磁场理论、光学、半导体物理等课程中，根据不同院校、研究所的研究方向不同，学生可选其中一门，复试的专业综合考试是在各院校、研究所规定的三门科目中选一或多科目综合。

电路与系统硕士专业初试要求的考研专业课在信号与系统、电子电路、信号处理导论、微机原理与程序设计、信号与系统和数字电路或信号与系统和模拟电路、半导体物理学、微机原理与接口技术等课程中，根据不同院校、研究所的研究方向不同，学生可选其中一门，复试的专业综合考试则是在规定的三门科目中选一或多科目综合。

微电子学与固体电子学硕士专业初试要求的专业课在电子线路、半导体物理学、微机原理与接口技术、信号与系统、微电子器件、普通物理、半导体器件物理、半导体集成电路、半导体物理与电介质物理、物理化学等课程中，根据不同院校、研究所的研究方向不同，学生可选其中一门，复试则是在三门中选一门或多科目综合。

电磁场与微波技术硕士专业初试要求的专业课在电磁场理论、电磁场与微波技术、电磁场与电磁波、微波技术基础、微机原理、天线原理、微波技术与天线、信号与线性系统、计算机结构与逻辑设计、普通物理学、数字电子技术、微机原理及应用、通信系统原理等课程中，根据不同院校、研究所的研究方向不同，学生可选其中一门，复试则是在三门中选一门或多科目综合。

另外，学生也可以报考与电子科学与技术专业相关的硕士专业，比如光学、光学工程、通信与信息系统、集成电路系统设计、信号与信息处理、检测技术与自动化装置、计算机应用技术等。初试要求的专业课，学生可查阅相关院校、研究所相应专业的招生简章。

招收电子科学与技术专业硕士研究生的高校、研究所非常多，学生可根据报考意愿查阅相关院校、研究所网站的招生信息，也可查阅相关考研网站。

以下为一些考研相关网站，考生也可以自行搜索一些免费分享资料的网站。

- 中国研究生招生信息网［GB］提供考研信息、学校、专业等（http：//yz. chsi. com. cn/）
- 中国考研网［GB］提供考研信息、学校、专业、试题等（http：//www. chinakaoyan. com/）
- 中国教育在线［GB］提供考研信息、报考指南、大纲等（http：//www. eol. cn/）
- 考研吧［GB］提供考研信息、指南、导航等（http：//www. kaoyan8. org/）
- 考研帮［GB］提供考研信息、政策、招生信息等（http：//www. kaoyan. com/）
- 无忧考网（考研）［GB］提供考研信息、指南、导航等（http：//www. 51test. net/kaoyan/）
- 考研论坛［GB］专门为考研的"战友"开设的论坛（http：//bbs. kaoyan. com/）

3. 网上报名

现在，研究生统招考试报名都在网上进行，公网用户可登录 http：//yz. chsi. com. cn 进行实名注册，牢记注册的用户名和密码。注册用户直接与报名号对应，是查询报名号的唯一方法，在后期的信息查询、准考证下载和调剂系统中继续使用。报名期间，考生可自行修改网上报名信息或重新填报报名信息（一位考生只能保留一条有效报名信息）。招生单位、考试方式、报考点等要慎重选择，一旦生成报名号则不可以修改；如确实需要修改，须取消已有的报名信息，添加新的报考信息，已取消的报名信息不可用于现场确认。在网报结束前，学生需登录确认所填信息，在需网上支付的报考点报考的考生，请检查网上支付是否成功（银行卡扣费即为成功支付）。网报成功后，所有考生还要在规定时间内到报考点指定地点进行现场确认，现场确认时间由各省级教育招生考试机构自行确定和公布。

附录 1 名人谈大学学习

1. 杨振宁博士谈学习

杨振宁是 20 世纪世界著名物理学家之一，诺贝尔物理学奖获得者。他 1922 年 9 月 22 日出生于中国安徽省合肥市；1938 年至 1944 年在中国西南联合大学物理系读书，先后获学士、硕士学位。杨振宁的学士论文导师是吴大猷，硕士论文导师是王竹溪。1944 年，杨振宁考取留美公费留学生；1945 年赴美求学；1946 年在芝加哥大学注册成为博士研究生，师从费米和爱德华·泰勒；1948 年获芝加哥大学哲学博士学位；1949 年申请进入普林斯顿高等研究院；1957 年与李政道共获诺贝尔物理学奖；1965 年，奥本海默推荐杨振宁担任普林斯顿高等研究所所长；杨振宁婉言谢绝后，于 1966 年起任纽约州立大学石溪分校艾伯特·爱因斯坦讲座教授兼理论物理研究所所长。1999 年 5 月 21 日正式退休，石溪分校同日将理论物理研究所命名为"杨振宁理论物理研究所"，同年被该校授予一等荣誉博士学位。

杨振宁于 1956 年与李政道教授共同提出"弱相互作用中宇称不守恒原理"，因而共获 1957 年诺贝尔物理学奖。这一原理彻底改变了人类对对称性的认识，为人们正确认识微观粒子世界开辟了新天地。他还提出"非阿贝尔规范场理论"，大大促进了四种基本相互作用的研究，在粒子物理方面做了大量的开拓性工作。另外，杨振宁还是统计物理、凝聚态物理、量子场论、数学物理等诸多领域中重要研究方向的先驱和奠基人。

1971 年，杨振宁作为第一个著名华裔学者访问中国。1977 年，他担任全美华人协会首任会长，为中美建交做了大量工作。1981 年，他在石溪分校设立 CEEC 奖金，资助中国学者到美国做研究。

杨振宁还在香港、天津、北京清华大学等地组织建立了一些研究所，为培养中国的高级人才做出了巨大贡献。

1995 年 6 月 9 日，世界著名的物理学家、诺贝尔奖获得者杨振宁博士专程来到华中理工大学，为湖北首届"亿利达"青少年发明奖颁奖。杨振宁博士在他激动人心的演讲中，首先谈到自己所经历的两种截然不同的学习方法。

"1938年到1944年，我在昆明西南联大读书，学校采取的是受中国传统儒家教育哲学影响的一种教育体制。学生首先要在脑子里分清什么是懂的，什么是不懂的，懂的就是你要钻研的，不懂的就是你要舍弃的。'知之为知之，不知为不知，是知也'是这种教育哲学最好的诠释。这种学习方法可以使人少走弯路，一步一步地把各门学科学好。在这几年的学习中，我打下了扎实的物理学基础，为以后的深造作了很好的铺垫。"

接着，杨振宁博士又谈到另一种学习方法："1945年，我到芝加哥大学攻读博士学位，学到一种与中国完全不同的学习方法。老师要你注意的不是最高原则，而是一些新现象，抓住这些现象进行探索、研究、归纳、总结。这种归纳法使人常走弯路，误入歧途，但容易掌握新的研究方法，我的老师泰勒就是这样一个典型，他每天大约要诞生10个新的想法，但其中却有9.5个是错误的，可他并不害怕，而是面临困难，探索困难。一个人如果每天有一个正确的新想法也就不得了了。"

针对青年学生在科学研究中存在着好高骛远的问题，杨振宁博士提醒到："年轻人要有干大事的雄心，但同时要实实在在地做好每一件小事。我的学生常常问我，我们马上就要做博士后了，我们该做什么题目，大题目还是小题目。我告诉他们，大题目小题目都可以做，但应该常做小题目。"杨振宁博士幽默地说："光做大题目，成功的可能性很小，但得精神病的可能性却很大。"

杨振宁博士还谈到国内博士生教育，他说："国内培养的博士生毕业后往往留校工作，而美国的研究所毕业的一大批博士生，却往往散存在世界各个地方的研究机构。因为每个研究所都有自己的学习风气、研究方向和价值观念。"

杨振宁博士深情地说："我们的科学技术要为经济服务，高等学校要为国民经济建设服务，学生要博览群书，知识面要广，中国的知识分子要很好地为中国服务。我虽然是献身于现代科学，但我对于我所承受的中国传统和背景引以为自豪。"

2. 李开复：大学最重要的七项学习

李开复，1961年出生于台湾省，1983年从哥伦比亚大学计算机系毕业，随后到美国卡内基梅隆大学攻读硕士和博士学位。先后担任美国苹果电脑公司全球副总裁、美国SGI公司全球副总裁等职。1998年，他加盟微软，并创立了微软亚洲研究院，2000年升任微软全球副总裁，是微软高层里职位最高的华人。美国电气和电子工程师协会院士。

开复老师：

就要毕业了，回头看自己所谓的大学生活，我想哭，不是因为离别，而是因为什么都没学到。我不知简历该怎么写，若是以往我会让它空白。最大的收获也许是……对什么都没有的忍耐和适应……

这封信道出了不少大三、大四学生的心声。大学期间，有许多学生放任自己、虚度光阴，还有许多学生始终找不到正确的学习方向。当他们被第一次补考通知唤醒时，当他们收到第一封来自招聘企业的婉拒信时，这些学生才惊讶地发现，自己的前途是那么渺茫，一切努力似乎都为时已晚……

大学是人生的关键阶段。这是因为，进入大学是你一生中第一次放下高考的重担，开始追逐自己的理想、兴趣；这是你第一次离开家庭生活，独立参与团体和社会生活；这是你第一次可以有机会在学习理论的同时亲身实践；这是你第一次脱离被动，有足够的自由处置生活和学习中遇到的各类问题，支配所有属于自己的时间。

大学是人生的关键阶段。因为，这是你一生中最后一次有机会系统性地接受教育和建立知识基础，很可能也是你最后一次可以将大段时间用于学习的人生阶段，也可能是最后一次可以拥有较高的可塑性、可以不断修正自我的成长历程；很可能也是你最后一次能在相对宽容的、可以置身其中学习为人处世之道的理想环境。

大学是人生的关键阶段。在这个阶段里，所有大学生都应当认真把握每一个"第一次"，让它们成为未来人生道路的基石。在这个阶段里，所有大学生也要珍惜每一个"最后一次"，不要让自己在不远的将来追悔莫及。在这个阶段里，为了在学习中享受到最大的快乐，为了在毕业时找到自己最喜爱的工作，每一个进入大学校园的人都应当掌握七项学习：自修之道、基础知识、实践贯通、培养兴趣、积极主动、掌控时间、为人处世。

只要做好了这七点，大学生临到毕业时的最大收获就绝不会是"对什么都没有的忍耐和适应"，而应当是"对什么都可以有的自信和渴望"。

第一项学习：自修之道

教育家 B. F. Skinner 曾说："如果我们将学过的东西忘得一干二净时，最后剩下来的东西就是教育的本质了。所谓"剩下来的东西"，其实就是自学的能力，也就是举一反三或无师自通的能力。在大学期间，学习专业知识固然重要，但更重要的还是要学习思考的方法，培养举一反三的能力，只有这样，大学毕业生才能适应瞬息万变的未来世界。

自学能力必须在大学期间开始培养。许多同学总是抱怨老师教得不好，懂得不多，学校的课程安排也不合理。大学生不应该只会跟在老师的身后亦步亦趋，而应当主动走在老师的前面。最好的学习方法是在老师讲课之前就把课本中的相关问题琢磨清楚，然后在课堂上对照老师的讲解弥补自己在理解和认识上的不足。

中学生在学习知识时更多是追求"记住"知识，而大学生就应当要求自己"理解"知识并善于提出问题，对每一个知识点，都应当多问几个"为什么"。事实上，很多问题都有不同的思路或观察角度。学生在学习知识或解决问题时，不要总是死守一种思维模式，不要让自己成为课本或经验的奴隶。只有这样，学生潜在的思考能力、创造能力和学习能力才能被真正激发出来。

《礼记·学记》上讲："独学而无友，则孤陋而寡闻。"也就是说，大学生应当充分利用学校里的人才资源，从各种渠道吸收知识和方法。除了资深的教授以外，大学中的青年教师、博士生、硕士生乃至自己的同班同学，都是最好的知识来源和学习伙伴。每个人对问题的理解和认识都不尽相同，只有互帮互学，大家才能共同进步。

应该充分利用图书馆和互联网，培养独立学习和研究的本领。首先，大学生一定要学会查找书籍和文献，以便接触更广泛的知识和研究成果。读书时，应尽量多读一些英文原版教材。其次，在书本之外，互联网也是一个巨大的资源库，大学生们可以借助搜索引擎在网上查找各类信息。

自学时，不要因为达到了学校的要求就沾沾自喜。21世纪人才已经变成了一个国际化的概念，当你对自己的成绩感到满意时，我建议你开始自学一些国际一流大学的课程。例如，尝试美国麻省理工学院（MIT）放在网上的开放式课程，当你可以自如地掌握这些课程时，你就可以更加自信地面对国际化的挑战了。

第二项学习：基础知识

在大学期间，学生一定要学好基础知识（数学、英语、计算机和互联网的使用，以及本专业要求的基础课程，如商学院的财务、经济等课程）。应用领域里很多看似高深的技术，在几年后就会被新的技术或工具取代，只有学到的基础知识才可以受用终身。如果没有打下好的基础，大学生们也很难真正理解高深的应用技术。在中国的许多大学里，教授对基础课程也比对最新技术有更丰富的教学经验。

数学是理工科学生必备的基础。很多学生在高中时认为数学是最难学的，到了大学里，一旦发现本专业对数学的要求不高，就会彻底放松对数学知识的学习，而且他们看不出数学知识有什么现实的应用或就业前景。但大家不要忘记，绝大多数理工科专业的知识体系都建立在数学的基石之上。同时，数学也是人类几千年积累的智慧结晶，学习数学知识可以培养和训练人的思维能力。学习数学也不能仅仅局限于选修相关课程，而是要从学习数学的过程中掌握认知和思考的方法。

学习英语的根本目的是掌握一种重要的学习和沟通工具。在未来的几十年里，世界上最全面的新闻内容、最先进的思想和最高深的技术，以及大多数知识分子间的相互交流都将用英语进行。

我们该如何学好英语呢？最重要的学习方法就是尽量与实践结合起来，不能只"学"不"用"，更不能只靠背诵的方式学习英语。读书时，大家尽量阅读原版的专业教材，并适当地阅读一些自己感兴趣的专业论文。提高英语听说能力的最好方法是直接与那些以英语为母语的外国人对话。此外，大家不要把学英语当做一件苦差事，完全可以用有趣的方法学习英语。例如，可以多看一些演讲、小说、戏剧甚至漫画。初学者可以找英文原版的教学节目和录像来学习，有一定基础的则应该看英语电视或电影。听英语广播也是很好的练习英语听力的方法。互联网上也有许多互动式的英语学习网站，大家可以在网站上用游戏、自我测试、双语阅读等方式提升英语水平。

信息时代已经到来，大学生在信息科学与信息技术方面的素养也已成为他们进入社会的必备条件之一。虽然不是每个大学生都需要懂得计算机原理和编程知识，但所有大学生都应能熟练地使用计算机、互联网、办公软件和搜索引擎，都应能熟练地在网上浏览信息和查找专业知识。

每个特定的专业也有它自己的基础课程。以计算机专业为例，许多大学生只热衷于学习最新的语言、技术、平台、标准和工具，因为很多公司在招聘时都会对这些方面的基础或经验有要求。这些新技术虽然应该学习，但计算机基础课程的学习更为重要，因为语言和平台的发展日新月异，但只要学好基础课程（如数据结构、算法、编译原理、计算机原理、数据库原理等）就可以以不变应万变。

虽然我鼓励大家追寻自己的兴趣，但仍需强调，生活中有些事情即便不感兴趣也是必须要做的。打好基础，学好数学、英语和计算机就是这一类必须做的事情。

第三项学习：实践贯通

有一句关于实践的谚语是这样说的："我听到的会忘掉，我看到的能记住，我做过的才真正明白。"在大学里，同学们应该懂得每一个学科的知识、理论、方法与具体的实践、应用如何结合起来，尤其是工科的学生更是如此。

无论学习何种专业、何种课程，如果能在学习中努力实践，做到融会贯通，就可以更深入地理解知识体系，可以牢牢地记住学过的知识。因此，我建议同学们多选些与实践相关的专业课。实践时，最好是几个同学合作，这样既可以经过实践理解专业知识，也可以学会如何与人合作，培养团队精神。如果有机会在老师手下做些实际的项目，或者走出校门打工，只要不影响课业，这些做法都是值得鼓励的。外出打工或做项目时，不要只看重薪酬待遇（除非生活上确实有困难），有时候，即便待遇令人不满，只要有许多培训和实践的机会，也值得一试。

以计算机专业为例，实践经验对于软件开发来说更是必不可少的。微软公司希望来应聘程序员的大学毕业生最好有10万行的编程经验。理由很简单：实践性的技术要在实践中提高。计算机归根结底是一门实践的学问，不动手是永远也学不会的。因此，最重要的不是在笔试中考高分，而是实践能力。但是，在与中国学生的交流过程中，我很惊讶地发现，某些学校计算机系的学生到了大三还不会编程。这些大学里的教学方法和课程的确需要更新。如果你不巧是在这样的学校中就读，那你就应该从打工、自学或上网的过程中寻求学习和实践的机会，现在网上就可以找到许多实践项目。

第四项学习：培养兴趣

孔子说："知之者不如好之者，好之者不如乐之者。"如果你对某个领域充满激情，你就有可能在该领域中发挥自己所有的潜力，甚至为它废寝忘食。这时候，你已经是为了"享受"而学习了。

如何才能找到自己的兴趣呢？我觉得，首先要客观地评估和寻找自己的兴趣所在：不要把社会、家人或朋友认可和看重的事当做自己的爱好；不要以为有趣的事就是自己的兴趣所在，而是要亲身体验它并用自己的头脑作出判断；不要以为有兴趣的事情就可以成为自己的职业，不过，你可以尽量寻找天赋和兴趣的最佳结合点。

最好的寻找兴趣点的方法是开拓自己的视野，接触众多的领域。而大学正是这样一个可以让你接触并尝试众多领域的独一无二的场所。因此，大学生应当更好地把握在校时间，充分利用学校的资源，通过使用图书馆资源、旁听课程、搜索网络、听讲座、打工、参加社团活动、与朋友交流、使用电子邮件和电子论坛等不同方式接触更多的领域、更多的工作类型和更多的专家学者。如果你发现了自己真正的兴趣爱好，这时就可以去尝试转系，尝试课外学习、选修或旁听相关课程；你也可以去找一些打工或假期实习的机会，进一步理解相关行业的工作性质；或者努力去考自己感兴趣专业的研究生，重新进行一次专业选择。

除了"选你所爱"，大家也不妨试试"爱你所选"。在大学中，转系可能并不容易，所以，大家首先应尽力试着把本专业读好，并在学习过程中逐渐培养自己对专业的兴趣。此外，一个专业里可能有很多不同的领域，也许你对专业里的某一个领域会有兴趣。现在，有很多专业发展了交叉学科，两个专业的结合往往是新的增长点。另外，就算你毕业后要从事其他行业，你依然可以把自己的专业读好，这同样能成为你在新行业中的优势。

在追寻兴趣之外，更重要的是要找寻自己终身不变的志向。例如，我的志向是"使影响力最大化"，多年以来，我有许多兴趣爱好，如语音识别、对弈软件、多媒体、研究到开发的转换、管理学、满足用户的需求、演讲和写作、帮助中国学生等，兴趣可以改变，但我的志向是始终不渝的。因此，大家不必把某种兴趣当成自己最后的目标，也不必把任何一种兴趣的发展道路完全切断，在志向的指引下，不同的兴趣完全可以平行发展，实在必要时再作出最佳的抉择。志向就像罗盘，兴趣就像风帆，两者相辅相成、缺一不可，它们可以让你驶向理想的港湾。

第五项学习：积极主动

创立"开复学生网"时，我的初衷是"帮助学生，帮助自己"。但让我惊讶的是，更多的学生被动地希望我直接帮他们作出决定。被动的人总是习惯性地认为他们现在的境况是他人和环境造成的，如果别人不指点，环境不改变，自己就只有消极地生活下去。持有这种态度的人，事业还没有开始，自己就已经被击败。一个主动的学生应该从进入大学时就开始规划自己的未来。

积极主动的第一步是有积极的态度。

积极主动的第二步是对自己的一切负责，勇敢面对人生。不要把不确定的或困难的事情一味搁置起来。但是，我们必须认识到，不去解决也是一种解决，不作决定也是一个决定，这样的解决和决定将使你面前的机会丧失殆尽。对于这种消极、胆怯的作风，你终有一天会付出代价的。

积极主动的第三步是要做好充分的准备：事事用心，事事尽力，不要等机遇上门；要创造机遇，把握机遇。只有做好充分的准备，当机遇来临时，你才能抓住它。

积极主动的第四步是"以终为始"，积极地规划大学四年。任何规划都将成为你某个阶段的终点，也将成为你下一个阶段的起点，而你的志向和兴趣将为你提供方向和动力。只要认真制定、管理、评估和调整自己的人生规划，你就会离自己的目标越来越近。

第六项学习：掌控时间

大学四年是最容易迷失方向的时期。大学生必须有自控的能力，让自己交些好朋友，学些好习惯，不要沉迷于对自己无益的习惯（如网络游戏）里。

一位同学说："大学和高中相比……不同的只是大学里上网的时间和睡觉的时间多了

很多，压力也小了很多。"这位同学并不明白，"时间多了很多"正是大学与高中之间巨大的差别。时间多了，就需要自己安排时间、计划时间、管理时间。

安排时间并不意味着非要做出一个时间表来。《高效能人士的七个习惯》一书提出，"重要事"和"紧急事"的差别是人们浪费时间的最大理由之一。因为人的惯性是先做最紧急的事，但这么做会导致一些重要的事被荒废掉。因此，每天管理时间的一种好方法是，早上确定今天要做的紧急事和重要事，睡前回顾一下，这一天有没有做到两者的平衡。

想把每件事都做到最好是不切实际的。我建议大家把"必须做的事"和"尽量做的事"分开。建议大家用良好的态度和宽广的胸怀接受那些你暂时不能改变的事情，多关注那些你能够改变的事情。

第七项学习：为人处世

未来，人们在社会里、在工作中与人相处的能力会变得越来越重要，甚至超过了工作本身。所以，大学生要好好把握机会，培养自己的交流意识和团队精神。

对于如何在大学期间提高人际交往能力，我的建议是：

第一，以诚待人，以责人之心责己、以恕己之心恕人。对别人要抱着诚挚、宽容的胸襟，对自己要怀着自我批评、有过必改的态度。与人交往时，你怎样对待别人，别人也会怎样对待你。这就好比照镜子一样，你自己的表情和态度，可以从他人对你流露出的表情和态度中一览无遗。最真挚的友情和最难解的仇恨都是由这种"反射"原理逐步造成的。

第二，培养真正的友情。如果能做到第一点，很多大学时的朋友就会成为你一辈子的知己。在一起求学和寻求自身发展的道路上，这样的友谊弥足珍贵。交朋友时，不要只去找与你性情相近或只会附和你的人。好朋友有很多种：乐观的朋友、智慧的朋友、脚踏实地的朋友、幽默风趣的朋友、激励你上进的朋友、提升你能力的朋友、帮你了解自己的朋友、对你说实话的朋友，等等。

第三，学习团队精神和沟通能力。社团是微观的社会，参与社团是步入社会前最好的磨炼。在社团中，你可以培养团队合作的能力和领导才能，也可以发挥专业特长。但更重要的是，你要做一个诚心诚意的服务者和志愿者，或在担任学生工作时主动扮演同学和老师之间沟通桥梁的角色，并以此锻炼自己的沟通能力。把握在大学时学习人际交往的机会，因为大学社团里的人际交往是一种不用"付学费"的学习，犯了错误也可以从头来过。

第四，从周围的人身上学习。在班级里、社团中，多观察周围的同学，特别是那些你觉得交往能力和沟通能力特别强的同学，看他们是如何与人相处的。

第五，提高自身修养和人格魅力。如果觉得没有特长、没有爱好可能会成为自己提高人际交往能力的一个障碍，那么，你可以有意识地去选择和培养一些兴趣爱好。共同的兴趣和爱好也是你与朋友建立深厚感情的途径之一。如果真的没有什么兴趣爱好，那么，多读些好书丰富自己的知识、改进自己的人际交往能力，因为没有什么比智慧和渊博更能体现一个人的人格魅力了。

附录 2　实用考研、就业月历

11 月	考研	关注各省招生考试机构公告，现场确认报名
	求职	招聘信息最密集时段，校招陆续举行
	留学	根据意向学校，填申请表，寄出申请材料
	入伍	定向培养士官入伍
12 月	考研	冲刺备考，下载打印准考证，初试
	求职	笔试、面试高峰期，抓住目标企业
	留学	练习口语，准备面试
	公务员	公共科目笔试
1 月	求职	总结经验，为节后求职做准备
	留学	主动联系学校，跟踪录取情况
	公务员	查询笔试成绩，面试通知陆续发布
	入伍	男兵入伍报名开始
2 月	考研	初试成绩陆续公布，准备复试或抓紧求职
	求职	利用春节假期，在家乡寻找就业机会
	公务员	考试录用开始，部分省市招考公告陆续发布
	入伍	登录"全国征兵网"进行登记及应征报名
3 月	考研	自主划线和国家线相继发布，可考虑调剂
	求职	春招进入笔试面试高峰期
	留学	陆续收到 offer，确定要去的学校
	公务员	部分省市联考公告陆续发布
	三支一扶	各省多在 3～6 月开始报名，关注招募及招考公告
4 月	考研	确认复试时间及调剂
	求职	抓住招聘季尾巴
	公务员	部分省市举行联考，4～9 月村官报名及考试，特岗教师招录，西部计划报名
	三支一扶	根据招考安排，参与考试

续表

5月	求职	招聘会进入淡季
	留学	办理护照，申请签证
	公务员	联考成绩公布，西部计划笔试、面试，特岗教师初审
	三支一扶	关注报名及考试信息
6月	考研	陆续收到录取通知书
	求职	完成就业手续办理
	公务员	录用陆续开始，关注相关公告，西部计划公示、录取，特岗教师笔试、资格复审
	入伍	登录"全民征兵网"进行登记及应征报名，女兵报名时间一般为6～8月
7月	留学	身体检查、办理公证文件、入学准备
	公务员	西部计划集中派遣培训，特岗教师面试、体检、公示

参 考 文 献

[1] 王华. 建立电子科学与技术专业课程体系的构想[J]. 桂林电子工业学院学报,2004,22(2):29-32.

[2] 李少游. 改进学习方法提高学习效率[J]. 中国地质教育,1998(3):45-47.

[3] 侯利敏. 掌握大学的学习方法 适应大学的学习生活[J]. 经济师,2005(7):89-90.

[4] 赵润月. 大学生应当学习和掌握的几种方法[J]. 内蒙古师范大学学报(哲社)教育科学版,1997(2):148-150.

[5] 石晶. 英国高校"能力教育"及对我国高等教育的启示[J]. 现代教育科学,2005(3):53-55.

[6] 文辅相. 信息社会与大学教育改革[J]. 高等教育研究,1998(2):14-19.

[7] 王海骊,刘贺平. 试论我国高校课程改革及发展趋势[J]. 中国冶金教育,2005(2):35-37.

[8] 刘道玉. 面向21世纪大学生的学习观[J]. 高等教育研究,1999(4):6-13.

[9] 王琳基,王苏潭,操瑞杰. 应用研究型的电子科学与技术课程设置若干问题的探讨[J]. 机电技术,2016(2):153-155.

[10] 王荣林,范欢迎,何旭东. "以学生为本"的教育理念在应用型本科毕业设计中的应用[J]. 科技教育创新,2012(22):168-169.

[11] 杨建芳. 产学研结合的毕业设计模式研究[D]. 石家庄:河北师范大学,2007.

[12] 彭银生,李如春,曹全军,施朝霞. 电子科学与技术专业本科生毕业设计联合培养的研究与实践[J]. 教育教学论坛,2015(46):129-130.

[13] 高琪,李位星,廖晓钟. 工科专业本科毕业设计全过程考核评价体系研究[J]. 实验室研究与探索. 2013,32(11):393-397.

[14] 叶朝良. 关于毕业设计选题的几点思考[J]. 教育教学论坛,2013(51):89-90.

[15] 姜波,甫拉提·阿不里米提. 关于工科毕业设计题目的设计思考[J]. 中国电力教育,2013(4):154-155.

[16] 朱武,汤乃云,初凤红. 渐进贯通式毕业设计体系的探索与实践[J]. 新课程研究,2015(10):46-47.

[17] 胡志坤,孙克辉,盛利元. 理科大学生实习与毕业设计(论文)相结合的培养模式探讨[J]. 高等理科教育,2011(3):116-118.

[18] 武卫莉. 提高大学生毕业设计(论文)的教学质量研究[J]. 实验技术与管理,2012,29(2):153-155.

[19] 朱珍,陈章,王军. 工科毕业设计选题原则、类型及方法[J]. 高教论坛,2004,2(1):62-64.

[20] 戴晔,朱毅雅. 提高本科毕业设计质量的管理模式探讨[J]. 科技创新导报,2010(26):141-142.

[21] 廖志凌,刘贤兴,杨泽斌,孙宇新. 影响本科毕业设计质量的因素分析与对策思考

[J]. 电气电子教学学报，2005，27(1)：110－113.

[22] 郝继升. 毕业设计的特点及提高毕业设计质量的途径[J]. 教育与职业，2007(5)：178－179.

[23] 曾凡铮. 中国微电子产业发展：未来、问题与建议[J]. 中国管理信息化，2017，20(16)：109－110.

[24] 张春光. 微电子科学技术和集成电路产业[J]. 科技论坛，2017(2)：126－127.

[25] 吴志斌. 微电子技术发展及未来趋势展望[J]. 信息技术与应用，2017(3)：22－23.

[26] 李墨. 从光纤、光缆、光器件，到集成电路、显示面板5000亿拐点，光谷再造光电子产业格局[N]. 湖北日报，2017－11－13(004).

[27] 张伟进. 光电技术产业的发展现状和对策[J]. 科技经济导刊，2016(30)：80.

[28] 陈亚辉. 武汉光电子产业发展研究[D]. 武汉：华中科技大学，2007.

[29] 孙凤. 天津市光电子产业战略研究[D]. 天津：天津大学，2004.

[30] 刘冬恩. 中国光电子产业发展战略研究[D]. 武汉：中共湖北省委党校，2012.

[31] 刘颂豪. 21世纪的光电子产业[J]. 光电子技术与信息，2000，13(5)：1－11.

[32] 徐爱民. 中国光电子产业发展研究[D]. 长春：吉林大学，2006.

[33] 杨永昌，王凯，吴慧峰. 光电子产业及其发展趋势[J]. 西安航空技术高等专科学校学报，2007，25(5)：11－13.

[34] 许正中，李欢. 我国微电子技术及产业发展战略研究[J]. 中国科学基金，2010(3)：155－160.